ATLANTICA

ERLEBNIS ERDE

TIERPARADIESE UNSERER ERDE

SAVANNEN

Bertelsmann
LEXIKON INSTITUT

ATLANTICA

ERLEBNIS ERDE

TIERPARADIESE UNSERER ERDE

SAVANNEN

Bertelsmann
LEXIKON INSTITUT

Chefredaktion: Dr. Beate Varnhorn
Projektleitung und redaktionelle Leitung: Christian Adams

Autorinnen und Autoren: Christa Becker, Mascha Bischoff, Martin Bitterling, Ursula Brüske-Walldorf, Dr. Matthias Delbrück, Cornelia Dick-Pfaff, Urs Frohnes, Ulrike Halwax, Dr. Angela Kämper, Hans-Peter Krull, Katja Lauer, Dr. Monika Niehaus, Jutta Orth, Frank Wellenreuther

Redaktion und Bildredaktion: Parzhuber und Partner, Agentur für Marketing GmbH, München
Bildredaktion Wissen Media Verlag: Ulrike Rohland, Thekla Sielemann
Schlussredaktion: Inga Westerteicher

Einbandgestaltung: dsh GmbH, München
Einbandfotos: Interfoto, München – Gürteltier; istockphoto.com – Elefant (Guenter Guni) – Zebras (Dirk Freder) – Leopard (Wolfgang Steiner) – Löwe (Dirk Freder) – Eisbär (John Pitcher); shutterstock.com – Tukan (Kitch Bain); www.vulkanarchiv.de – Giraffen
Satz und Layout: Parzhuber und Partner, Agentur für Marketing GmbH, München

Herstellung: Marcel Hellmund

Aktuelle Informationen und Serviceangebote des Verlags finden
Sie auch im Internet unter www.lexikoninstitut.de

Druck und Bindung: Himmer AG, Augsburg

Gedruckt auf chlorfrei gebleichtem Papier

Printed in Germany 2008

ISBN: 978-3-577-07702-6

Vorwort

Der Klimawandel bedroht die Lebensgrundlagen zahlreicher Arten in den verschiedenen Lebensräumen unseres Planeten. Aktuelle Tierdokumentationen rücken diesen Aspekt in den Vordergrund. Dieser Perspektive folgt auch die Sachbuchreihe »Tierparadiese unserer Erde«, die sich an alle Tier- und Naturinteressierte wendet und einen faszinierenden Einblick in das Leben der Tiere vermittelt.
Fünf Bände enthalten mehr als 4000 Darstellungen von Tieren in ihren jeweiligen Lebensräumen, den Regenwäldern, den Savannen, den Wüsten, Polargebieten und Meeren.

Hier erfährt der Leser alles, was wichtig und wissenswert ist, aber zugleich auch das, was staunen lässt und fasziniert. Im Blickpunkt stehen nicht nur die vielfältigen, oft unglaublichen Überlebenskünste der Tiere, sondern auch Themen wie der grausame Kreislauf von Fressen und Gefressenwerden, die fürsorgliche Aufzucht des Nachwuchses oder das verblüffende Tarnverhalten der Tiere.
Die vorliegenden Bände, an denen Fachleute und die besten Tierfotografen mitgewirkt haben, fassen die unendliche Vielfalt der Fauna übersichtlich und eindrucksvoll zusammen.

Der Verlag

Inhalt

GRASLÄNDER DER ERDE

Lebensraum unzähliger Lebewesen

Graslandschaften gibt es auf allen Kontinenten mit Ausnahme der Antarktis. Ihr Erscheinungsbild reicht von fast wüstenartigen unfruchtbaren und trockenen Steppen bis zu Grasfluren, die mit Wäldern vermischt sind.
Elefanten, Bisons, Gnus, Antilopen und Hirsche, unzählige kleinere Lebewesen wie Nager und Insektenfresser sowie zahlreiche Vögel, bilden zusammen mit den Gräsern, die ihre Lebensgrundlage sind, eines der wichtigsten Ökosysteme unserer Erde.

Die transportablen, mit Filzplatten bedeckten Jurten dienen den Nomaden in der mongolischen Steppe als Behausungen.

Steppen- und Savannenregionen: auf allen Kontinenten zu finden

Die Grasländer der Erde gehören zwei unterschiedlichen Vegetationszonen an: dem Gebiet der winterkalten Steppen und dem tropischen Savannengürtel. Beiden gemeinsam ist der jährliche Wechsel zwischen feuchten und trockenen Phasen – ein wechselfeuchtes Klima. Obwohl Dauer und Intensität von Trocken- und Regenzeit variieren, gedeihen in diesen Gebieten Gräser aufgrund des temporären Wassermangels besser als Bäume. Steppen und Savannen grenzen einerseits an (feuchtere) Waldregionen und andererseits an (noch trockenere) Wüsten bzw. Halbwüsten.

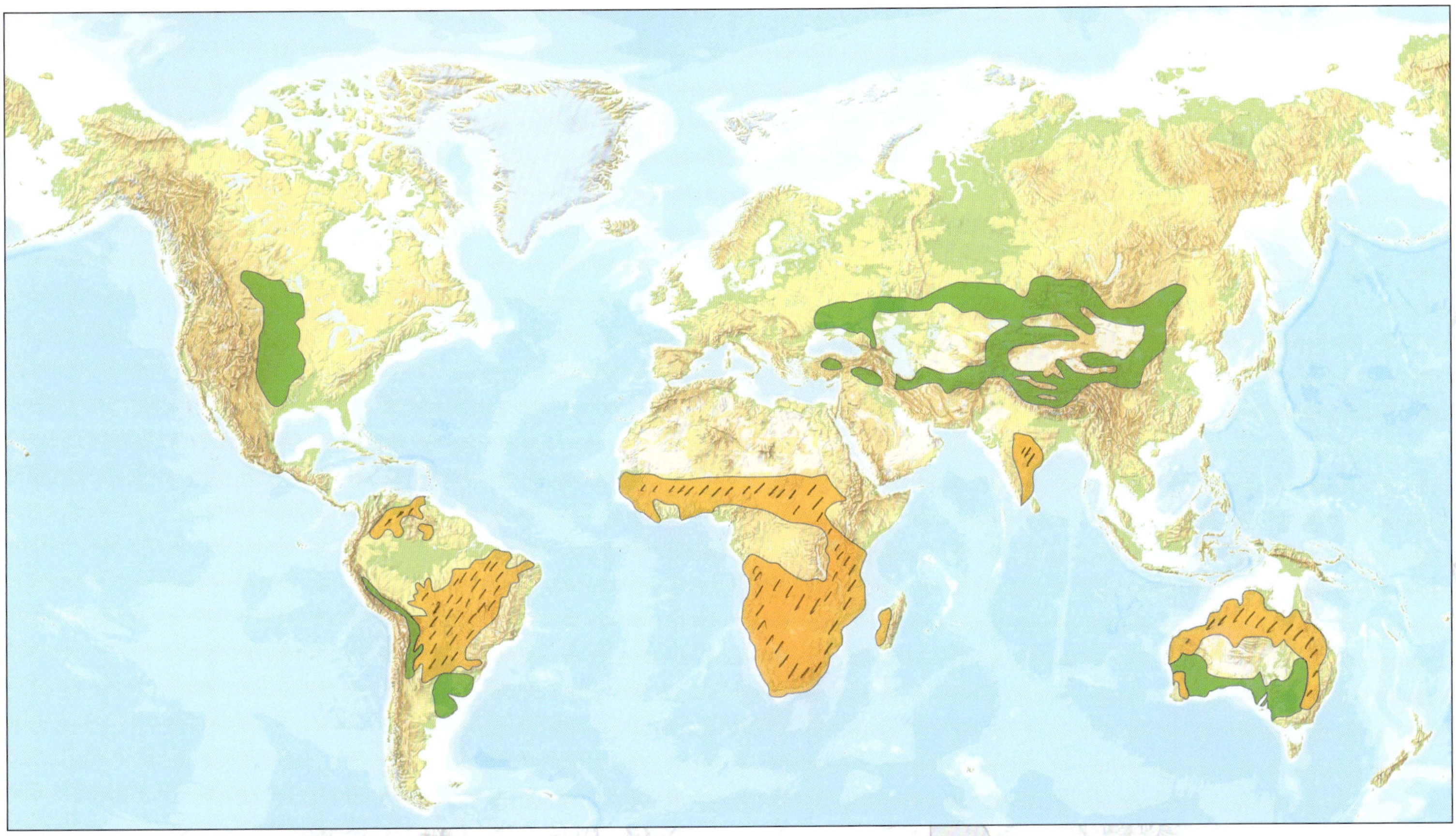

Eurasiens Steppen

Die schier endlosen russischen und kasachischen Steppen sind der bekannteste Teil einer wechselfeuchten und winterkalten Steppenzone, die sich über tausende Kilometer von der Donaumündung bis nach Ostsibirien und Nordchina erstreckt. Man findet allerdings nicht überall die urwüchsigen, grasbewachsenen Ebenen – zum Teil weil Gebirge, Wüsten oder größere Seen den Steppengürtel unterbrechen, zum Teil weil der Mensch die Landschaft umgestaltet hat.
Die osteuropäische Steppenzone beginnt am Donaudelta und setzt sich im westlichen Innerasien fort. Weiter östlich unterbrechen Baikalsee und gebirgigere Gebiete das Grasland. Nur in der Mongolei und in der Mandschurei ist es wieder als Zone ausgebildet. Das Klima wird in diesem Gebiet von West nach Ost stetig kontinentaler: Die Sommertemperaturen steigen, die Winter werden kälter, die Niederschläge nehmen ab. In manchen Gebieten hat sich in der Gobi eine Halbwüsten- und Wüstenvegetation ausgebildet.

Die europäischen, kasachischen und westsibirischen Steppen weisen ein ähnliches Artenspektrum auf. Von der ursprünglichen Vegetation ist wegen der intensiven Nutzung durch den Menschen wenig erhalten. Die transbaikalischen Steppen sind durch ein extrem kontinentales Klima mit schneearmen Wintern und trockenem Frühjahr gekennzeichnet.
Savannenlandschaften finden sich in Asien nur sehr wenige. Nur in einigen Regionen Indiens sind Grasgesellschaften in wechselfeuchtem, ganzjährig warmem Klima anzutreffen. Die dichte Besiedlung des indischen Subkontinents hat fast alle ursprünglichen Tier- und Pflanzenarten in den waldärmeren Bereichen verdrängt.

Nordamerikanische Prärie

In Nordamerika nimmt die »Prärie« genannte Steppenregion den Mittleren Westen von Südkanada bis zum Golf von Mexiko ein. Südlich davon geht sie in Savannenhabitate über. Die Abgrenzung zwischen Steppe und Savanne im Mittleren Westen Nordamerikas ist schwierig und wird von Wissenschaftlern unterschiedlich gezogen. Von Ost nach West folgen Langgrasprärie, Gemischte Prärie und Kurzgrasprärie entsprechend dem Feuchtigkeitsgefälle aufeinander.

Häufige Präriebrände und weidende Bisonherden bzw. heute die Viehherden der Farmer begünstigen die Gräser zusätzlich zu den Klimafaktoren gegenüber Bäumen und Sträuchern. Daher ist die Prärie praktisch baumlos. Die Langgrasprärie ist krautreich.

Die Gräser der Prärie werden 40 – 100 cm, mit Blütenständen 1 – 2 m hoch. Eingeschleppte Opuntien (Feigenkakteen) sind vor allem auf überweideten Flächen häufig. Durch die Beweidung ändert sich der Charakter der Prärie in Richtung größerer Trockenheit – die Langgrasprärie wird zur gemischten, diese zur Kurzgrasprärie. Die Prärie wird vor allem in den USA intensiv landwirtschaftlich genutzt, weshalb dort von der ursprünglichen Vegetation nur noch Reste vorhanden sind.

Südamerikanische Grasländer

Südamerika ist der einzige Kontinent, auf dem ausgedehnte Feucht- und Trockensavannen und auch Steppengebiete vereint sind. Nördlich der Amazonasregion befinden sich die Llanos, eine Feuchtsavanne im Orinocobecken Südvenezuelas und Ostkolumbiens. Klimatisch weist das Gebiet einen Jahresniederschlag von 1300 mm, eine Regenzeit von 7 Monaten und eine Dürrezeit von 5 Monaten auf. Es gibt nur vereinzelt sehr kleine Wälder, die »Matas«.

Südlich des Amazonas-Regenwalds zieht sich von Nordosten nach Südwesten ein weiterer Savannengürtel: in Brasilien die Trockensavanne Caatinga, südwestlich davon die Feuchtsavanne Campo Cerrado und bis an die östlichen Andenausläufer der Chaco, wiederum eine Trockensavanne. Der Cerrado weist auf einer Fläche von 2 Mio. km^2 Jahresniederschläge von 1100 – 2000 mm auf. Der tiefgründige Boden bleibt schon in 2 m Tiefe dauernd feucht, so dass die tiefer wurzelnden Holzarten stets genügend Wasser haben und immergrün bleiben. In Chaco und Caatinga liegen die Jahresniederschläge unter 1000 mm. Besonders der westliche Teil des Chaco ist durch Abholzung und Beweidung stark verbuscht. Es kommen auch Salzpfannen vor.

Südlich des Chaco, im Nordosten Argentiniens, liegt die Pampa, die größte zusammenhängende Grassteppe der südlichen Halbkugel. Die Niederschläge erreichen im Nordosten 1000 mm und im Südwesten an der Trockengrenze 500 mm. Mit zunehmender südlicher Breite wird das Klima wechselfeucht und winterkalt. Weiter südlich schließt sich die patagonische Halbwüste an.

Landschaft in der Serengeti in Tansania.

Kängurus sind charakteristische Tiere der australischen Grasländer.

Serengeti und mehr

Der ostafrikanische Serengeti-Nationalpark gilt als Inbegriff für Savanne. Doch Afrika weist noch eine Vielzahl weiterer Savannenlandschaften auf, Trocken- und Feuchtsavannen sind sogar der häufigste Vegetationstyp des Kontinents. Man findet sie fast überall südlich der Sahara mit Ausnahme der Regenwaldgebiete an der westafrikanischen Küste und im Kongobecken sowie einiger gebirgiger Hochländer. Die afrikanischen Savannen beherbergen mit die größten Landsäugetiere der Erde: Elefanten, Giraffen, Nashörner, Flusspferde und natürlich den »König der Tiere«, den Löwen.

In den äquatornahen Savannen gibt es zwei Regenzeiten, eine kleine und eine große. Meist sind diese nur durch eine kurze Dürrezeit getrennt, so dass man bei Jahresniederschlägen um 800 mm eine typische Savanne vorfindet. Rodung, Brände und Überweidung haben die Pflanzendecke stark beeinflusst. Bei trockenerem Klima bzw. an trockenen Felsstandorten treten große Kandelaber-Euphorbien und Aloe-Arten auf. Die Kalahari im südlichen Afrika nimmt große Gebiete Namibias und Botswanas ein. Sie ist überwiegend eine Dornsavanne, die im Südosten in die Trockensteppe des südafrikanischen Veld übergeht. Vereinzelt kommt hier Frost vor, dennoch bezeichnet man dieses Gebiet gemeinhin noch nicht als Steppenregion.

Australien

In Australien findet man Waldgebiete fast nur an den Küsten. Das weite Landesinnere, der »Outback«, wird von trockenen bis sehr trockenen Landschaften eingenommen, deren Vegetationstyp von Trockensavanne im Norden über Halbwüste und Wüste bis zu einer Steppenlandschaft im Süden reicht. Eine genaue Abgrenzung ist wiederum schwierig.

Wie auf dem ganzen Kontinent dominieren Eukalyptus-Arten auch die Steppen und Savannen Australiens, als Wald im wechseltrockenen Osten bzw. als Mallee im Südwesten; auch Mulga-Akazien sind häufiger anzutreffen. Mehr oder weniger ausschließliche Graslandschaften bilden sich nur auf bestimmten Böden, wie das Mitchell-Grasland auf Schwemmland im Nordosten oder bestimmte, besonders harte Gräser, die den Übergangsbereich zur Halbwüste besiedeln.

Eiszeit = Graszeit

Die heutigen Graslandschaften sind Reste einer während der letzten Eiszeit weltweit dominierenden Landschaftsform. Große Mengen Wasser waren damals in kontinentalen Eisschilden gebunden, das Klima war im Schnitt 5 °C kälter als heute und deutlich trockener. So breitete sich eine Steppenlandschaft von Nordengland über die trockengefallene Nordsee bis nach Ostasien aus. Die Regenwälder waren deutlich geschrumpft. Gras erzeugte aber so viel Biomasse, dass in Europas Steppen große Herden von Mammuts, Wollnashörnern und Riesenhirschen und riesige Faultiere und Gürteltiere in Südamerika leben konnten.

Die Steppe: Land der Wetterextreme

Steppen sind – vereinfacht gesagt – die Grasländer der gemäßigten Breiten. Man findet sie vor allem im Inneren der Kontinente Eurasien und Nordamerika. Auf der Südhalbkugel kommen sie nur selten vor. In der nordamerikanischen Prärie und in den weiten Steppengebieten Innerasiens herrscht ein z.T. extrem kontinentales Klima: Kalte Winter wechseln sich mit heißen, trockenen Sommern ab. Oft wehen dazu heftige Winde. Extreme Temperaturen und Trockenheit sind die wichtigsten ökologischen Grenzfaktoren, auf die zurückzuführen ist, dass in Steppenlandschaften Bäume meist völlig fehlen.

Zu jeder Jahreszeit zeigt sich die Steppe in neuer Pracht: Im Frühjahr wird die eurasische Steppe in ein prächtiges Blütenmeer getaucht.

Das osteuropäische Steppengebiet »Chomutowskaja Stepj« in der Ukraine steht unter Naturschutz.

Zwischen Wald und Steppe

Große Teile Europas weisen ein ozeanisch geprägtes Klima auf: Niederschläge fallen über das Jahr gleichmäßig verteilt und die Temperaturunterschiede zwischen Sommer und Winter sind verhältnismäßig gering. Bevor der Mensch sich ansiedelte, gediehen hier ausgedehnte Laub- und Mischwälder. Je weiter man aber in das Innere der eurasischen Landmasse vordringt, desto »kontinentaler« wird das Klima, d.h., es wird trockener mit ausgeprägteren Temperaturextremen. Die Sommer werden heißer, die Winter hingegen viel kälter, wodurch die Jahresdurchschnittstemperatur sinkt. Folglich verschlechtern sich auch die Wuchsbedingungen für Bäume im Kontinentalklima: Laubwälder werden allmählich von Waldsteppe abgelöst.

Bei einer Waldsteppe handelt es sich um ein Mosaik von mehr oder weniger großen Baumbeständen und Wiesen. Beim Übergang in die Steppenzone überwiegen zunächst noch die Waldanteile, Steppenvegetation findet sich nur in kleinen Inseln. Je trockener das Klima wird, desto mehr kehrt sich das Verhältnis um, bis schließlich nur noch kleine Bauminseln in einem Grasmeer übrig bleiben.

Die Vorherrschaft der Gräser

Da in der Waldsteppe als Grenzregion weder Wald noch Grassteppe vom Klima eindeutig bevorteilt sind, geben Faktoren wie Bodenart, Relief, der Einfluss von Mensch und Tier oder die Häufigkeit von Bränden den Ausschlag. Waldstücke findet man auf gut entwässerten Standorten, auf leichten Erhebungen oder an den Hängen von Flusstälern. Wiesensteppen breiten sich in schlecht drainierten, ebenen Lagen und auf relativ schweren Böden aus.

Eine wichtige Rolle spielt auch der Wettbewerb zwischen Gräsern und Baumsämlingen: Hat ein junger Baum erst einmal sein Wurzelwerk im Boden verankern können, so hat er gute Überlebenschancen. Ein Nebeneinander von Grasland und Einzelbäumen fehlt in der Steppe, denn die Laubholzarten können sich nicht einzeln im Wettbewerb gegen die Gräser durchsetzen. Nur niedrige Sträucher kommen vor, aber eher auf steinigen Böden, die für das Wurzelsystem der Steppengräser weniger geeignet sind.

Die Grenze zwischen Wald und Steppe hat sich in der Nacheiszeit verschoben. Im Boden unter heutigen Waldbeständen kann man Baue von Steppennagern erkennen, die niemals Wälder bewohnten. Das deutet darauf hin, dass der Wald vor der Besiedlung der Menschen im Vorrücken war. Die starken Eingriffe des Menschen erlauben es nur noch selten, das »natürliche« Geschehen nachzuvollziehen. Eine Ausnahme stellen Gebiete wie die Lüneburger Heide dar: Hier hat der Mensch durch Jahrtausende währende Schafweide die Landschaft offen gehalten und eine nicht natürliche Steppe geschaffen; sie wird heute, da die Schafhaltung zurückgeht, von Ackerland oder aber sich ausdehnenden Waldgebieten eingenommen.

Die »Lange Lacke« im österreichischen Burgenland ist die einzige Salzsteppe Mitteleuropas.

Von der Wiesensteppe zur Halbwüste

Auf die Waldsteppe folgt in Richtung Steppenzone zunächst eine feuchte, krautreiche Wiesensteppe. Das Gras ist hier 40 – 100 cm hoch; man spricht daher von Langgras-, Hochgras- oder Feuchtsteppe. Anfang Juni erreicht die Frühlingsflora das bunteste Stadium und erst ab Mitte Juli beginnen die Pflanzen zu vertrocknen. Ab August ist die Steppe trocken, bis der Schnee sie zudeckt.

Die trockenere Mischgrassteppe ist die Übergangszone zur Kurzgrassteppe. Hier herrschen Federgrasarten vor. Die weniger dürreresistenten Kräuter werden seltener. Zwischen Steppengräsern und Steppenkräutern besteht ein ähnliches ökologisches Gleichgewicht wie zwischen den Holzpflanzen und den Gräsern in der Savanne: Alle Gräser haben ein dichtes, weit verzweigtes, die Kräuter dagegen ein weitläufiges Wurzelsystem, oft mit einer tiefgehenden Pfahlwurzel. In feuchteren Gebieten können sie deshalb nebeneinander existieren, mit zunehmender Trockenheit verschiebt sich das Gleichgewicht jedoch zugunsten der Gräser.

Die typische Kurzgras- oder Trockensteppe ist größtenteils waldlos. Da die Vegetationszeit nur den Frühling andauert und der Jahresniederschlag mit 200 – 500 mm niedrig ist, wird das Gras nur 20 – 40 cm hoch. Besonders im äquatornäheren Grenzbereich der Steppenzone findet sich Strauchsteppe. Hier sind die Winter mild und es gibt viele strauchartige Holzgewächse. Strauchsteppen können daher den Übergang zur Dornsavanne bilden. Sinken die Jahresniederschläge unter 250 mm, sind Zwergsträucher widerstandsfähiger als Gras und dominieren schließlich in der Zwergstrauch- oder Wüstensteppe, wo die Trockenheit zehn bis elf Monate dauert. Da die Niederschlagshöhe und -verteilung starken Schwankungen unterliegen, variieren die Grenzen zwischen den verschiedenen Steppentypen.

Bodenarten und Klima

In der Steppe hängt der Bewuchs zum einen von Fruchtbarkeit und Feuchtigkeitsmenge ab, zum anderen verändern auch Wurzeln und Mikroorganismen die Böden und die Verdunstungsleistung der Pflanzen beeinflusst Luftfeuchtigkeit und Regenmenge. Bei Böden unterscheidet man zwischen dem zugrunde liegenden Ausgangsmaterial und dem eigentlichen Boden; die oberste Lage bildet immer eine Humusschicht. Typisch

Schwarzerde aus Löß

Pflughorizont:
schwarzgrauer, humoser, kalkhaltiger, stark lehmiger Schluff; krümeliges Gefüge, porös; zahlreiche Wurmröhren; gute Durchwurzelung

humushaltiger Oberboden:
grauschwarzer, humoser, kalkhaltiger stark lehmiger Schluff; feinbröckeliges Gefüge, locker, porös; zahlreiche Wurmröhren, Löseinmengungen in Grabgängen; gute Durchwurzelung

Übergangsbereich:
gelb- und schwarzgrauer, schwach humoser, stark kalkhaltiger, lehmiger Schluff, kohärentes bis feinbröckeliges Gefüge, locker, porös, zahlreiche Wurmröhren; gute Durchwurzelung

verwitterter Löß (Ausgangsgestein):
gelbgrauer, stark kalkhaltiger, lehmiger Schluff, Kalkkonkretionen; locker-poröses Kohärentgefüge; geringe Durchwurzelung

unverwittertes Ausgangsgestein

für die Steppenregionen der Nordhalbkugel ist Löß als Ausgangsmaterial. Löß ist ein Verwitterungsprodukt aus der Ära der eiszeitlichen Gletschervorstöße und gilt als sehr fruchtbar. In den Wiesensteppen liegt darüber sog. Schwarzerde (*Tschernosem*).

Die weniger produktive Kurzgrassteppe erzeugt nicht so viel Humus, so dass die Böden eine bräunlich bis gräuliche Farbe haben und weniger fruchtbar sind. Doch auch die Braunerde zählt noch zu den bevorzugten Lagen für den Anbau von Getreide. Braunerden bedecken große Flächen der eurasischen Kurzgrassteppe bis in die Zentralmongolei, der nordamerikanischen Prärie sowie der südamerikanischen Pampa. Bei weiter steigenden Temperaturen und abnehmenden Niederschlägen setzt der Übergang zu den Halbwüstenböden ein.

Die Verhältnisse der nordamerikanischen Prärie sind kompliziert. Die weite Ebene Nordamerikas steigt langsam von Ost nach West bis auf 1500 m an. Die Niederschläge nehmen von Ost nach West ab, die Temperatur steigt jedoch von Nord nach Süd. Dies führt zu einem komplexeren geografischen Muster von Bodentypen. Böden der Pampa auf der Südhalbkugel haben ebenfalls eine mächtige Humusschicht, lassen aber eine starke Wechselfeuchtigkeit erkennen und leiten damit zu den Graslandböden der südbrasilianischen Savannen über.

In trockeneren Steppenregionen sind salzreiche Böden verbreitet. Solche Salzsteppen treten weltweit auf. Etwa die weiten Flächen des »Faulen Meeres« nördlich der Krim, die im Sommer austrocknen und dann mit einer Salzkruste bedeckt sind. Von dort wird der Salzstaub vom Wind nach Norden verweht und auf den angrenzenden Steppenböden abgelagert. Das Schmelzwasser im Frühjahr wäscht das Salz aus den oberen Bodenschichten aus und es entsteht ein stark verdichteter alkalischer Unterboden, der durch sommerliches Austrocknen und Aufquellen in der feuchten Jahreszeit eine säulenförmige Struktur annimmt.

Steppenseen

Als Folge des wechselfeuchten Klimas bilden sich in ebenen Steppen kleine Seen. Bei Niederschlägen fließt eine Senke über und es entwickelt sich ein Flusssystem, das in Meere und Ozeane entwässert. In halbtrockenem Klima kann sich der Regen in einer Senke sammeln und dort langsam in die Tiefe sickern. Dabei verdichtet sich der Boden und die Senke vertieft sich. So entstandene Seenplatten gibt es z.B. in North Dakota oder Westaustralien. Wenn diese Seen einen unterirdischen Abfluss haben, bleibt das Wasser süß. Verdunstet dagegen das Wasser, so verbracken sie und es bilden sich Salzsteppen.

In der nordamerikanischen Prärie dominieren Gräser, durchsetzt von flachen Sträuchern.

Harte Winter, heiße Sommer

Die größten Anforderungen an die Überlebensfähigkeit von Flora und Fauna der Steppen stellen die langen und kalten Winter. Die Durchschnittstemperaturen im Januar sinken bis unter -10 °C und Extremwerte von -40 °C sind möglich. Zudem bedeuten die generell niedrigen Niederschlagsmengen auch wenig Schneefall.
An dieses unwirtliche winterliche Klima haben sich die Steppenpflanzen angepasst. Die sog. Hemikryptophyten (»Halbverborgengewächse«) haben oberirdische Sprosse, die im Winter ganz absterben. An der Erdoberfläche bleiben jedoch lebende Knospen erhalten, die im nächsten Jahr wieder austreiben. Rund die Hälfte aller Pflanzenarten der gemäßigten Zone gehört zu dieser Gruppe. Das gesamte Wurzelsystem bleibt über den Winter am Leben und dient als Speicher. Bei Geo- oder Kryptophyten (»Erd-« oder »Verborgengewächsen«) sterben dagegen alle oberirdischen Organe ab, die überwinternden Knospen liegen tief im Boden. Häufig treten hier Wurzel- oder Stängelknollen oder auch Zwiebeln als Speicherorgane auf. Die radikalste Lösung findet sich bei den Therophyten (»Sommergewächsen«): Sie durchlaufen ihren gesamten Lebenszyklus innerhalb eines Jahres. Den Winter überdauern nur die Samen. Allerdings verfügen die Samen beim Auskeimen im Frühjahr über erheblich weniger Reservestoffe als die mit Knollen o. Ä. ausgestatteten mehrjährigen Steppenpflanzen.

Die Pflanzen müssen aber nicht nur dem Winter trotzen, sondern auch den heißen und trockenen Sommer überstehen. Vereinfacht gilt dabei: Je trockener die Steppe, desto kleiner und dicker werden die Blätter. Gräser haben neben einer harten Außenhaut, die als Verdunstungsschutz dient, ein fein verzweigtes Wurzelsystem, das noch den kleinsten Bodenporen Wasser entziehen kann.

Steppennager wie die kleinen Ziesel (Gattung Citellus) erfüllen wichtige ökologische Funktionen.

Das Reich des Großwilds

Die Ursteppe Eurasiens wie die nordamerikanische Prärie waren das Reich des Großwilds. Am reichsten ausgebildet war die Steppen-Tiergesellschaft in der Prärie, wenn auch erst in geologisch gesehen jüngster Zeit: Der Bison wanderte erst vor etwa 700 000 Jahren aus Eurasien ein. Heute gibt es hier eine Viertelmillion Steppenbisons. In Eurasien lebten auch Steppenwisente. Die einst von Spanien bis Sibirien verbreiteten Herden sind durch intensive Jagd schon sehr früh verschwunden. Wahrscheinlich bevölkerte ebenso der Auerochse ursprünglich die Steppe und zog sich erst vor dem Menschen in die Wälder zurück. Er wurde im 17. Jahrhundert endgültig ausgerottet. Wildpferde waren in allen Steppen der Nordhalbkugel zahlreich vertreten, starben aber während der Eiszeit aus. Das mongolische Wildpferd ist die letzte überlebende Unterart.
Kamele sind sowohl Steppen- als auch Wüstentiere. Zur Familie der Kamelartigen (*Camelidae*) zählen neben Trampeltier und Dromedar die südamerikanischen Arten Vicunja und Guanaco. In Eurasien leben

Diese (zahme) Pferdeherde in Kasachstan lässt erahnen, wie früher die Wildpferde durch die zentralasiatischen Steppen gestreift sind.

Hirsche und Rehe, in Nordamerika Maultierhirsche und Wapitis und in der Pampa Restbestände des Pampashirschs.
In Westasiens Trockensteppen sind Kropfgazellen heimisch, weiter im Osten Mongoleigazellen, in einigen Steppen Antilopen.
Wie bei allen Vegetationszonen bildet auch bei den Steppen Australien eine Ausnahme: Huftiere kommen hier nicht vor. Stattdessen sind Kängurus die dominierenden Pflanzenfresser. Erst der Mensch brachte Schafe, Ziegen und Kamele ins Land.

Steppenroller

Typisch für Steppen sind die Steppenroller, die zum Landschaftsbild im Spätsommer und Frühherbst gehören.

- Es sind Kräuter, bei denen der Stängel mit den trockenen Fruchtständen als ein kugeliges Gebilde erhalten bleibt.
- Am Wurzelhals gibt es eine schwache Stelle, an der bei starkem Wind der Stängel abbricht, so dass die Pflanze über die Steppe gerollt wird.
- Oft verhaken sich die Fruchtstände und bilden metergroße Ballen, die über die Steppe geweht werden. Dabei werden Samen aus den Kapseln gestreut.

Pflanzen und Pflanzenfresser

Wie in allen natürlichen Lebensgemeinschaften sind Pflanzen und Pflanzenfresser aufeinander angewiesen: Würde nicht ein bestimmter Teil der Pflanzendecke abgefressen, würde dieser eine mächtige Schicht aus abgestorbenen Blättern und Stängeln bilden und die darunterliegenden Gräser und Kräuter im Wuchs einschränken. Diese notwendige Beweidung wird neben dem Großwild auch von Heuschrecken und Steppennagern geleistet. Diese tragen außerdem beim Anlegen ihrer Baue wie die Regenwürmer zur Durchmischung und Durchlüftung des Bodens bei. Hier sind z. B. die früher viele Millionen zählenden Präriehunde zu nennen. Deren eurasisches Gegenstück ist das Steppenmurmeltier, kleiner sind Ziesel und Steppenlemminge sowie Feldhamster und Wühlmäuse. In Südamerika findet man verschiedene Meerschweinchen.
Die in Australien eingeschleppten Kaninchen sind heute zur Landplage geworden.

Der Mongolensturm

Dschingis-Khan auf der Jagd.

Lange galt Innerasien als Wildnis, ihre Bewohner als ungebildete Barbaren. Dies änderte sich im 13. Jahrhundert, als die Reiterheere eines mongolischen Nomadenstammes das größte zusammenhängende Reich der Menschheitsgeschichte eroberten. Sie überrannten erst die Mongolei, dann China und schließlich Mittelasien bis zum Kaspischen Meer. Nach dem Tod des Dschingis-Khan fügten seine Nachfolger dem Imperium noch Persien und Südrussland hinzu. Um 1400 griff Tamerlan vom Samarkand aus das Osmanische Reich an. Der »Mongolensturm« führte zu einer Öffnung zwischen Asien und Europa und schuf sichere Verkehrswege zwischen Rom und Peking.

Raubtiere der Steppe

Die Raubtierfauna bildet vielleicht den größten Unterschied zwischen Steppen und Savannen. Während die Savannen von großen Fleischfressern bevölkert werden, kennen die Steppen nur wenige, meist kleinere Raubtierarten. Ein Grund könnte die sehr frühzeitige Dezimierung vieler großer Pflanzenfresser durch den Urmenschen sein; auch klimatische Faktoren spielen wohl eine Rolle.

An der Spitze der Nahrungspyramide steht im Steppengürtel der Steppenwolf. In Eurasien nimmt diesen Lebensraum eine Unterart des europäischen Wolfs ein, in Nordamerika der etwas kleinere Präriewolf oder Kojote, in Südamerika der größere und langbeinigere Pampa- oder Mähnenwolf. In Nord- und Südamerika tritt zwar mit dem Puma eine Raubkatze auf, sie ist aber deutlich kleiner als Löwe oder Jaguar. Die große Nagetierpopulation ernährt auch etliche Füchse. Typisch für die Steppe sind der Korsak in Eurasien, der Swift- oder Kitfuchs in Nordamerika und der Pampafuchs in Südamerika. Dachse, Kleinräuber und mehrere Stinktierarten sind in den Steppen häufig.

Vögel, Schlangen, Wirbellose

Viele Greifvögel ernähren sich von den Nagetieren der Steppe. Körner und Pflanzentriebe sind Nahrungsgrundlage vieler anderer Vögel. Eine Sonderrolle nehmen die großen Laufvögel der Südhalbkugel ein: Nandus bevölkern die Grasländer Südamerikas. Das Gegenstück in Australien ist der Emu, in Afrika besiedeln die Strauße zwar überwiegend die Savannen, in Südafrika aber auch die steppenähnliche Südspitze. Trappen sind mit mehreren Arten in Eurasien und Afrika vertreten. Ein weiterer Steppenvogel ist der nordamerikanische Rennkuckuck oder Roadrunner. Erwähnenswert sind außerdem die Wasservögel der Steppenseen.

Nagetiere sind auch die bevorzugte Beute vieler Schlangen und Echsen. In Nordamerika ist die Prärie-Klapperschlange sehr bekannt. In der Pampa lebt die sehr giftige Schauerklapperschlange. Australiens Reptilienfauna ist durch die hier bevorzugt vertretenen Warane und gefährliche Schlangenarten geprägt. Von großer Bedeutung sind die Kleinlebewesen und Mikroorganismen des Steppenbodens, die an der Ausbildung und steten Regeneration der fruchtbaren Schwarzerde entscheidenden Anteil haben. Zu nennen sind insbesondere die Regenwürmer: Die großen unter ihnen durchziehen den Boden mit ihren Gängen bis in große Tiefen; kleinere Regenwurmarten beschränken sich auf die oberen Bodenschichten. Regenwürmer durchmischen den Boden und reichern untere Schichten mit organischem Material an. Auch Ameisen fördern die Bodendurchmischung ebenso wie die bereits erwähnten Steppennager. Die Tätigkeit all dieser unterirdischen »Kanalarbeiter« ist an

Der Baumwollanbau in Monokultur hat in Usbekistan enorme wirtschaftliche Bedeutung, verursacht aber auch erhebliche ökologische Schäden wie Bodenversalzung und Erosion durch Sandstürme.

jedem Schwarzerde-Bodenprofil zu erkennen: Querschnitte verlassener Gänge, die mit dunklem Humusboden ausgefüllt wurden und sich vom hellen Löß als schwarze Kreise oder Keile abheben. Die von den grabenden Tieren an der Bodenoberfläche aufgeworfene Erde wiederum stammt aus tieferen, humusärmeren Schichten.

Zwar haben eiszeitliche Jäger große Verluste in der Tierwelt angerichtet, doch solange die Steppen nur von Nomaden und ihren Herden bewirtschaftet wurden, blieb zumindest die natürliche Vegetation der Steppen fast unverändert erhalten. Erst die Umwandlung von Steppenarealen in Ackerland oder Viehweiden hat in den letzten 200 Jahren das Ökosystem Steppe nachhaltig verändert. Nur wenigen Arten ist es gelungen, sich an die neuen Verhältnisse anzupassen: Manche Nager sind für Farmer und Viehzüchter zur Plage geworden, weil sie auf Getreide und Zuckerrüben übergingen und nun in Massen auftreten.

Kornkammern und Weideflächen

Heute bildet der Steppengürtel der Nordhalbkugel einen wichtigen Wirtschaftsraum. Der dort erzeugte Weizen, etwa die Hälfte der weltweit eingebrachten Ernte, leistet einen beträchtlichen Beitrag zur Ernährung der Menschheit. Deshalb ist ein Zurück zum ursprünglichen Zustand von Tier- und Pflanzenwelt nur in Reservaten zu verwirklichen. In der feuchteren Langgrassteppe und in den früheren Waldsteppen werden in den USA v. a. Mais und Sojabohnen kultiviert, in der Ukraine Sonnenblumen. Die Mischgrassteppe ist Hauptanbaugebiet für Weizen und Gerste. In der Kurzgrassteppe übersteigt die jährliche Verdunstung oft den Jahresniederschlag, so dass der Regenfeldbau ohne künstliche Bewässerung nicht mehr möglich ist. Die Regenfeldbaugrenze für trockenresistente Nutzpflanzen liegt jedoch weiter im Bereich der Trockensteppen, als dies für Weizen oder Mais der Fall ist. Die Steppenzone kann bei Übernutzung ihre Produktivität verlieren und im schlimmsten Fall zur Halbwüste werden. Immer häufiger sind Badlands zu finden – besonders erodierte Landschaften. Denn mit der Zerstörung der Pflanzendecke kommt es zu verstärkter Erosion und zum Verlust der Humusschicht.

Die Blüten der Langgrasprärie bieten im Frühling Schmetterlingen reichhaltige Nahrung.

(1) *Während der Trockenzeit verdorrt das Gras und viele Bäume werfen ihre Blätter ab.*

(2) *Die aufziehenden Gewitterwolken kündigen den Beginn der Regenzeit an.*

Savannen: tropische Grasländer

Ist die Steppe als »Grasland der gemäßigten Breiten« charakterisiert, so ist die Savanne das Grasland der Tropen. Anders als die Steppe ist die Savanne nie baumlos. Vielmehr variieren die Savannentypen vom Trockenwald mit grasbedecktem Boden bis zur Graslandschaft mit Einzelbäumen oder Sträuchern. Gemeinsames Merkmal der Steppen und Savannen ist der Wechsel von Temperatur und Niederschlag. Allerdings sind Savannen wärmer, denn Frost und Schnee sind hier unbekannt. Die Funktion von Sommer und Winter übernehmen Trocken- und Regenzeit. Äquatornahe Savannen haben pro Jahr sogar je zwei Trocken- und Regenzeiten.

Zwischen Regenwald und Wüste

Eine einfache Faustregel besagt, dass die Sonne an den Polen am niedrigsten, am Äquator dagegen im Zenit steht. Dies ist nicht ganz korrekt: Die Zone, in der die Sonne im Zenit steht, bewegt sich nämlich in der ersten Jahreshälfte nordwärts, in der zweiten dagegen südwärts. Die Umkehrpunkte, also diejenigen Breitenkreise, an denen die Sonne am 21.12. bzw. am 21.6. gerade senkrecht steht, heißen Wendekreise; das Gebiet dazwischen sind die Tropen (»trope« bedeutet auf Griechisch »Umkehr«).

Dieser Umstand hat entscheidende Auswirkungen auf das Klima. Denn immer dort, wo die Sonne gerade im Zenit steht, sind Sonneneinstrahlung, Temperatur und auch Verdunstung maximal. Klimakundler sprechen von der »innertropischen Konvergenzzone«, in der hohe Luftfeuchtigkeit, heftige Gewitter und hohe Niederschläge die Regel sind. Diese Zone wandert sozusagen mit der Sonne innerhalb eines Jahres zwischen den Wendekreisen hin und her, was zu dem charakteristischen Wechsel zwischen Regen- und Trockenzeit in den betroffenen Regionen führt. In den nördlichen Bereichen der Tropen fällt die Regenzeit in den Juni und Juli, in den südlichen in den Dezember und Januar. In der Nähe des geographischen Äquators dagegen zieht die innertropische Konvergenz zweimal pro Jahr vorbei, nämlich dann, wenn in gemäßigten Breiten Frühling bzw. Herbst ist. Das wechselfeuchte Klima in den tropischen Savannengebieten wird also vom Sonnenlauf entscheidend geprägt. Ebenfalls beeinflussen Gebirge, Meeresströmungen und andere Faktoren den Wechsel von Regen- und Trockenzeit. Dennoch lässt sich grob sagen, dass in Äquatornähe v. a. tropische Regenwälder gedeihen, an die sich nach Norden und Süden eine Savannenzone anschließt, der weiter polwärts Wüsten folgen. Klassisch ausgebildet ist dieses Muster zwischen den Regenwäldern des Kongo und der Sahara.

Niederschlag als Landschaftsgestalter

Nach der jährlichen Niederschlagsmenge lassen sich drei Savannentypen unterscheiden. Die Feuchtsavanne schließt mit 1 000 – 1 500 mm Niederschlag an den Regenwald an. Der Boden speichert während der Regenzeiten so viel Wasser, dass er auch in den Dürrezeiten nicht völlig austrocknet. Hier gedeihen deshalb oft Laub abwerfende Savannenwälder. Regionale Besonderheiten wie Bodenbeschaffenheit oder Relief können aber auch Grassavannen zum dominierenden Vegetationstyp machen. Jahresniederschläge von 500 – 1 000 mm kennzeichnen eine Trockensavanne. Die Dornsavanne schließlich bildet die Übergangszone zu den subtropischen Wüsten. Hier fallen in zwei bis vier Regenmonaten z.T. deutlich weniger als 500 mm Niederschlag. Man findet eine mehr oder weniger geschlossene Grasdecke, vereinzelt Bäume und dornreiche Sträucher. Da auch in der Savanne die Höhe der Gräser eng mit der Regenmenge zusammenhängt, wird die Feuchtsavanne auch Langgras-, die Trockensavanne Kurzgrassavanne genannt.

Regen- und Trockenzeiten sind die eigentlichen Jahreszeiten in Savannen.

Desertifikation

Die Umwandlung fruchtbarer Landstriche in Halbwüsten und Wüsten bezeichnet man als Desertifikation. Sie kann natürliche Ursachen wie Klimaverschiebung haben. Heute ist aber vorrangig die Übernutzung von Savannengebieten die Ursache. Überweidung und Bodenauslaugung durch Feldbau mit künstlicher Bewässerung und ohne Brachezeiten trafen auf mehrjährige Dürreperioden ohne Regenzeit – eine Degradation und Verwüstung der Böden war die Folge. Weltweit werden große Anstrengungen unternommen, um der Verwüstung Einhalt zu gebieten.

Savannentypen

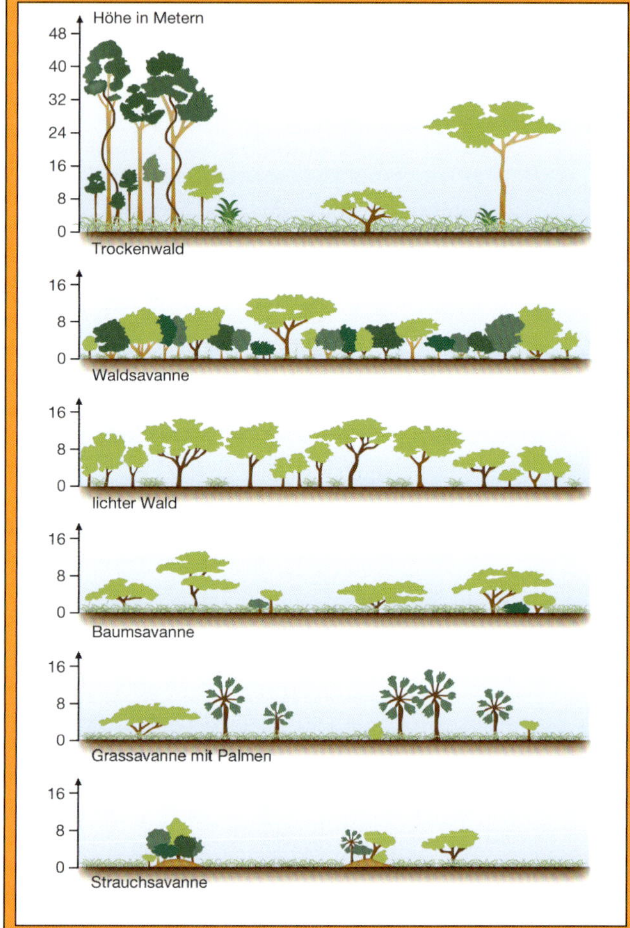

Gräser und Gehölze

Gräser und Holzarten sind gemeinhin »antagonistische« Pflanzentypen, also solche, die sich gegenseitig ausschließen; nur in den tropischen Savannenregionen können sie auf bestimmten Böden denselben Lebensraum besiedeln. Was ist der Grund für diesen Antagonismus? Der Unterschied liegt unter der Erde: Gräser haben ein äußerst fein verzweigtes Wurzelsystem, das ein kleines Bodenvolumen sehr dicht durchwurzelt. Es ist besonders geeignet für feinsandige Böden, die während der Vegetationszeit viel Wasser enthalten.

Das Wurzelsystem von Bäumen und Sträuchern sieht völlig anders aus: Grobe Wurzeln streichen sehr weit horizontal sowie in die Tiefe aus und durchwurzeln ein großes Bodenvolumen weniger dicht. Ein solches Wurzelwerk bewährt sich besonders in steinigen Böden, in denen das Wasser unregelmäßig verteilt ist, und in Winterregengebieten, also dort, wo der Niederschlag hauptsächlich außerhalb der Vegetationszeit fällt – die Pflanze muss dann in der Lage sein, versickertes Wasser aus größerer Bodentiefe nach oben zu fördern.

Gräser betreiben bei günstiger Wasserversorgung intensiv Fotosynthese und verbrauchen dabei viel Wasser. Auf diese Weise können sie in kurzer Zeit eine große Menge an organischem Material produzieren. Nach Abschluss der Regenzeit wachsen sie noch so lange weiter, bis Blätter und Stängel vertrocknen und absterben. Erst nach dem nächsten Regen setzt neues Wachstum ein.

Auf dieser Savannenpiste ist der durch eisenhaltige Mineralien rot gefärbte Savannenboden gut zu sehen.

Holzpflanzen haben dagegen einen komplexeren Wasserhaushalt. Bereits beim ersten Anzeichen von Wassermangel schränken sie Transpiration und Fotosynthese ein, indem sie die Spaltöffnungen in ihren Blättern verschließen. Verschärft sich der Wassermangel, werden die Blätter abgeworfen. Im Holz, z.T. auch in speziellen Organen, speichern sie Wasser für die Trockenzeit. Allerdings kommt ihr Stoffwechsel nicht völlig zum Erliegen und sie müssen in der Regel auch immer eine gewisse Mindestwassermenge über die Wurzeln aufnehmen. Wenn der Boden bis in größere Tiefen komplett austrocknet, sterben Holzpflanzen deshalb ab.

Für das Überleben der Savannenbäume ist somit entscheidend, wie viel Wasser ihnen die Gräser am Ende der Regenzeit im Boden übrig lassen. Ist alles verbraucht, können sich Holzpflanzen nicht halten und die Gräser dominieren. Erst wenn die Niederschläge so hoch sind, dass die Baumkronen zusammenrücken und durch die Beschattung den Graswuchs entscheidend behindern, kehrt sich die Sachlage zugunsten der Holzpflanzen um und es bildet sich ein tropischer (Regen-)Wald.

Savannenböden

Auch zuviel Wasser verhindert das Wachstum von Holzpflanzen, wenn über wasserundurchlässigen Bodenschichten Staunässe entsteht. Solche Stauschichten bilden sich u.a. aus eisenreichen Muttergesteinen und sind in den wechselfeuchten Tropen weit verbreitet.

Savannenböden sind nährstoffarm. Afrika, Australien, Indien und Südamerika waren in den letzten 500 Mio. Jahren nie vom Meer überdeckt. Ihre Böden sind niemals durch Überlagerung von Meeressedimenten verjüngt worden und so ausgelaugt, dass sich kein Wald entwickeln kann.

Umweltfaktor Mensch

Der Mensch hatte entscheidenden Einfluss auf die heutige Gestalt der Savannen, denn Viehzucht und Wanderfeldbau haben sie stark verändert. Die Beweidung der Savannen nördlich des Äquators begann vor ca. 7000 Jahren. Seitdem sind viele Waldgebiete dem Brennholzbedarf zum Opfer gefallen.

In den baumarmen Savannenregionnen muss Brennholz oft über weite Strecken herbeigeschafft werden.

C4-Pflanzen

Die meisten europäischen Pflanzenarten sind C3-Pflanzen. Sie wachsen am besten bei Temperaturen von 15 bis 25 °C, weil sie unter diesen Bedingungen den größten Stoffumsatz erreichen. In heißen Sommern erhalten sie überdurchschnittlich viel Sonnenenergie, können diese Zusatzenergie aber nicht effektiv in Fotosyntheseleistung umsetzen. Anders verhält es sich bei den C4-Pflanzen: Hier liegt der optimale Temperaturbereich für die Verwertung des Kohlendioxids zwischen 30 und 45°C. Zu dieser Gruppe zählen die meisten Savannengräser. Der Unterschied zwischen beiden Strategien ist, dass in einem wichtigen Reaktionsschritt ein Molekül mit drei oder mit vier Kohlenstoffatomen synthetisiert wird. Es geht aber noch effizienter: Die CAM-Pflanzen (*Crassulacean Acid Metabolism*, »Dickblattgewächs-Säurestoffwechsel«) öffnen nur nachts ihre Spaltöffnungen und nehmen unter Wasserdampfabgabe CO_2 auf, das sie in Form von organischen Säuren speichern. Tagsüber »wiederkäuen« sie den zwischengelagerten Kohlenstoff in einem Fotosyntheseprozess, der dann ohne Wasserverlust abläuft.

Fruchtstand der Perlhirse, einer C4-Pflanze.

Der verdickte Stamm dieses alten Flaschenbaums fungiert als mächtiger Wasserspeicher.

Die wechselfeuchten Tropen sind die agrarisch am intensivsten genutzten Räume der Tropen. Sie sind fruchtbarer als die immerfeuchten Tropen. Der geringere Baumbestand macht das Anlegen von Feldern leichter und die überall geschlossene Grasdecke begünstigt die Viehhaltung. In der Regenzeit erreichen Lufttemperatur, Niederschläge und Sonneneinstrahlung die günstigen Werte der innertropischen Konvergenz. Länge und Ergiebigkeit der Regenzeit reichen in der Savannenregion aus, um Regenfeldbau zu betreiben und Nutzpflanzen wie Mais, Hirsearten, Baumwolle und Süßkartoffeln anzubauen. Während der Trockenzeit wird entweder bewässert, auf einen Anbau verzichtet oder aber auf trockenresistente Arten wie Maniok und Sisal ausgewichen.

Regenfeldbau in der traditionellen Form des Wanderfeldbaus gesteht den Böden nach einer mehrjährigen Nutzungsphase eine ebenso lange Regenerationszeit zu. Die rasche Bevölkerungszunahme in allen Savannengebieten hat jedoch in den letzten Jahrzehnten eine erhebliche Ausweitung der Anbaufläche erforderlich gemacht. Dies hat vielerorts zu Landverknappung geführt und das Brachesystem wurde aufgegeben. Besonders problematisch war, dass durch im Rahmen von Entwicklungshilfe installierte Brunnen die Wasserknappheit durch Grundwasserförderung behoben wurde. Dies hat nicht nur den Grundwasserspiegel sinken lassen, sondern auch die Auslaugung durch den intensiveren Anbau deutlich verschlimmert. Das Bevölkerungswachstum führte außerdem zu einer überproportional starken Zunahme des Viehbestands und damit zur Überweidung der Grasflächen, die das Gras absterben lässt. An seine Stelle treten dornige Gehölze, die ohne die Konkurrenz des Grases mehr Wasser vorfinden, und die Weide wird wertlos.

Die Dürre überstehen

Die zeitweilig große Trockenheit ist die wichtigste Herausforderung für die Savannenvegetation. Besonders gut an Trockenheit angepasste Pflanzen werden als *Xerophyten* bezeichnet (von griechisch »xeros«, trocken). Obwohl die am besten dürreresistenten Arten in den Wüstenregionen der Erde wachsen, bieten auch die Savannenbewohner einige erstaunliche Anpassungsleistungen.

Laubabwurf als Schutzmechanismus

Ein auffallendes Merkmal vieler Savannenbäume ist der Laubabwurf. Dieses Verhalten findet sich auch bei Gehölzen der gemäßigten und hohen Breiten, nur dass es dort primär vor Kälte, hier vor Trockenheit schützt. Die Blattorgane solcher Bäume sind groß, dünn und empfindlich. Während der Regenzeit können sie damit per Fotosynthese aus CO_2 und Wasser schnell und viel organisches Material bilden. Mit Beginn der Dürreperiode sterben die Blätter ab, die Fotosynthese wird eingestellt und es wird entsprechend auch kein Wasser mehr dafür verbraucht. Setzt der Regen wieder ein, wachsen die einfach gebauten Blätter schnell und mit relativ geringem »Materialverbrauch« wieder nach. Im Gegensatz zu diesem an das wechselfeuchte Savannenklima angepassten System haben die Bäume der immerfeuchten Regenwälder dickere, ledrige Blätter. Diese überstehen kürzere Trockenzeiten, sind aber wegen ihres komplexeren Aufbaus bei Verlust schwerer zu ersetzen.

Besonders bei Akazien finden sich Fiederblätter. Sie werden während des heißen Tages eingefaltet, um die an der Unterseite gelegenen Spaltöffnungen abzudecken. Dichte Behaarung oder wachsartige Überzüge auf den Blättern sind weitere Maßnahmen gegen den Wasserverlust bei Gehölzen. Auch besondere Wuchsformen können sich als Anpassung an Trockenheit entwickeln. Schirmkronen beschatten den Boden, so dass dort die Verdunstung aus Untergrund und Bodenpflanzen verringert wird. Trichterförmige Büsche leiten auf die Zweige fallendes Regenwasser zur Hauptwurzel. Bei Horstgräsern schützen die äußeren, zur Trockenzeit welkenden Blätter die jungen Triebe im Inneren des dichten Horstes vor dem Vertrocknen. Lange Seitenwurzeln sichern ein großes Wassereinzugsgebiet, während lange Hauptwurzeln (bis 80 m!) Wasserreserven aus großer Tiefe heraufholen können.

Ein Trockenwald lässt dank der lichten Baumkronen noch Grasbewuchs zu.

Der Affenbrotbaum zählt zu den Sukkulenten, d. h. er besitzt die Fähigkeit, in Blättern, Stamm oder Wurzel große Wassermengen zu speichern.

Die Jagd streng geschützter Arten dient vielfach dem Nahrungserwerb, oft sind Hörner oder Elfenbein jedoch die einzige Einnahmequelle für Einheimische.

Naturschutz versus Bevölkerung?

Die Lebensumstände in den afrkanischen Savannengebieten sind schwierig. Verantwortlich sind das koloniale Erbe, internationale Machtinteressen sowie korrupte Verwaltungen. Leidtragende sind zum einen die Menschen, zum anderen die Natur. Immer mehr Hirten müssen mit ihrem Vieh in die Trocken- und Dornsavanne ausweichen, immer mehr Ackerbauern nehmen unfruchtbare und zu trockene Flächen unter den Pflug.

Tiere der Savanne

Die Großtierwelt der Savannenzone hat sich auf den Kontinenten sehr unterschiedlich entwickelt. Wildreich waren diese Gebiete alle, heute gilt dies nur noch für die afrikanischen Grasländer. Das Artenspektrum der ursprünglichen indischen Savannen war schon immer wenig vielfältig.
In Südamerika sind dagegen kaum Pflanzen fressende Großsäuger zu finden. In Australien nehmen Beuteltiere die Lebensräume ein, die in Afrika von Huftieren, Elefanten u. a. besetzt sind. Die Unterschiede in der Savannenfauna dieser Kontinente rühren daher, dass sie sich erst nach dem Auseinanderbrechen des Gondwana-Urkontinents gebildet haben, die in Afrika entstandenen Huftiere also nach Asien, aber nicht nach Südamerika und Australien gelangen konnten.
Da auch in relativ trockenen Savannenregionen das Gras zeitweise eine Bewegungen einschränkende Höhe erreicht, haben große Lauftiere mit langen Beinen ökologische Vorteile – man denke an die langbeinigen Antilopen und Gazellen, aber auch an Strauß, Emu und Nandu. Kleinere Arten weichen in die kurzgrasige Dornsavanne aus. Andererseits bietet das halbhohe bis hohe Gras Kleintieren gute Deckung, die deshalb den Nachteil eingeschränkter Beweglichkeit in Kauf nehmen, wie etwa Perlhühner in Afrika, Pfaue und Bankivahühner in Asien oder Steißhühner in Südamerika.
In Dorngehölzen fühlen sich sowohl große Lauftiere wie Elefanten, Nashörner und Flusspferde als auch sehr kleine wie die afrikanische Zwergantilope Dikdik wohl.

Die Tiergesellschaft in den Trockenwäldern Afrikas ähnelt der in den offeneren Savannen, denn auch hier wächst noch Gras. Scheue Antilopen wie der Große Kudu bevorzugen diese deckungsreichen Standorte. Paviane sind im Trockenwald der Alten Welt zahlreich und können dort zur Landplage werden.

Auch die Raubtiere sind im niedrigen Grasland meistens Laufraubtiere: Geparde, Hyänen und Hyänenhunde in Afrika, Dingos in Australien sowie Mähnenwölfe und Pumas in Südamerika. Sprungraubtiere wie Löwe und Leopard leben vorwiegend in busch- und baumreicheren Regionen. Nicht

Nur dank ihrer ausgedehnten jährlichen Wanderzüge können die großen Pflanzenfresserherden in der Savanne überleben.

Der Afrikanische Strauß (Struthio camelus) ist der größte lebende Vogel der Erde und für den Menschen wegen seiner Federn, seines Fleisches und seines Leders von Interesse.

Hyänen sind allgemein als Aasfresser bekannt. Es gibt aber auch Gattungen, die aktiv jagen.

nur Fleisch-, auch Insektenfresser finden in der Savanne reichlich Nahrung, so etwa Erdferkel und Erdwolf in Afrika, Ameisenbären und Gürteltiere in Südamerika.

Wegen der dort regelmäßig auftretenden Überschwemmungen gibt es in den südamerikanischen Llanos viele wasserlebende Tierarten. Zu den auffälligsten Arten gehören Capybaras, die größten Nagetiere der Welt.

Von den Kriechtieren bekommt man die zahlreichen Schlangenarten nur selten zu Gesicht, wohl aber die Agamen und Warane in den Savannen der Alten Welt und Australiens oder die Reptilien Südamerikas.
Bei den Vögeln bietet Australien eine Besonderheit: Eine Reihe der zahlreichen Papageienarten hat sich perfekt an das Leben in Savannen angepasst. In der afrikanischen Savanne sind dagegen so viele Greifvogelarten zu Hause wie in keinem Teil der Erde.

Wirbellose

Charakteristisch für Savannen ist die reichhaltige Insekten- und Spinnenfauna. Wichtigste Pflanzenfresser sind fast überall die Heuschrecken. Unter den Fleischfressern nehmen Spinnen und Ameisen eine dominierende Stellung ein. Die Trockenzeit überdauern viele Gliederfüßer in Form trockenresistenter Eier, Puppen usw.

Termiten sind die bedeutendsten Bodenorganismen. Die meisten Arten leben von totem organischen Material. Mithilfe von Mikroorganismen in ihrem Darm können sie Cellulose verwerten. Einige legen Pilzkulturen an, die ihnen bei der Aufschließung von Streu und totem Holz helfen, andere fressen nur bereits aufbereitete Abfälle. Die hohen Bauten der Termiten sind in allen Savannengebieten zu sehen. Termiten schichten den Boden fast flächendeckend und über größere Tiefen hinweg um. Nicht mehr genutzte Bauten sind bevorzugte Ansiedlungspunkte für Gehölze, denn hier gibt es genügend Nährstoffe und Wasser und der Boden wird belüftet.

In guter Gesellschaft

Bei vielen Pflanzenfressern, wie z. B. Gnus, Zebras und Antilopen, ist ein starker Gesellschaftstrieb zu beobachten. Für das Einzeltier ist die Wahrscheinlichkeit, von einem Beutegreifer gerissen zu werden, deutlich geringer als bei einer solitären Lebensweise. Die einzelnen Arten machen sich dabei gewöhnlich nicht gegenseitig das Futter streitig, da sie unterschiedliche Teile der Savannenvegetation abweiden.

Beeindruckend sind die jahreszeitlichen Wanderungen der riesigen Herden. So finden die Tiere nicht nur stets genügend Wasser und Futter, sie können durch die Ortswechsel auch bis zu einem gewissen Grad den oft revierfesten Fleischfressern ausweichen. Mit am wichtigsten aber ist der Überweidungsschutz – halten sich die Herden nämlich zu lange in derselben Region auf, kann die Vegetation die Fraßschäden nicht mehr kompensieren und stirbt ab. Hier zeigt sich auch eine große Gefahr für die verbliebenen Savannen: Die Ausweitung der Kulturlandschaft zerschneidet die Savannengebiete in immer kleinere Inseln, so dass die Herden nicht mehr ihre Weidegründe wechseln können und sie zu zerstören drohen. Viele afrikanische Nationalparks kämpfen damit, dass der steigenden Zahl der Elefanten immer mehr Gehölze zum Opfer fallen.

DIE STEPPEN EURASIENS

Vom Menschen bedroht

Von der Donaumündung über die Mongolei bis tief nach Sibirien erstreckt sich eine scheinbar endlose Ebene. Sie ist im Winter von einer dicken Schneedecke bedeckt, durch die sich lediglich ein paar dürre Grashalme erheben. Vom Frühjahr bis in den frühen Sommer hinein aber erblüht diese Ebene in vielen Farben und ein wogendes Meer aus Grashalmen breitet sich nach allen Seiten aus. Herden von Saigas, einer Antilopenart, ziehen über das flache Land, dazwischen grasen Wildpferdgruppen, Tarpans und Przewalskipferde. So oder ähnlich könnte man noch vor einigen Jahrhunderten die Eurasische Steppe beschrieben haben. Inzwischen jedoch sind die Huftierherden weitgehend verschwunden und die ausgedehnten Wiesenflächen wurden durch wogende Getreidefelder ersetzt. Es gibt nur noch wenige große Gebiete, in denen die vom Menschen verschonten Wildtiere frei leben – und auf sie trifft die Beschreibung größtenteils auch heute noch zu.

Endlose Weiten

Die Grasländer im östlichen Europa und in großen Teilen Asiens bildeten lange Zeit einen weißen Fleck auf der Landkarte, ließ doch die politische Lage keine eingehende Erforschung durch westliche Wissenschaftler zu. In dieser Steppe gedeiht eine vielfältige Pflanzenwelt, aus der unsere Getreidearten hervorgegangen sind. Hier findet sich einer der fruchtbarsten Böden der Welt, der Schwarzerdeboden, dessen hoher Humusgehalt die Steppe für die landwirtschaftliche Nutzung so attraktiv macht.

Nach Süden zu gehen die geschlossenen Wälder der Taiga allmählich in die Waldsteppenzone über.

Lage und Klima

Die eurasische Steppe ist das größte Steppengebiet der Erde. Sie erstreckt sich zwischen dem 35. und dem 55. Breitengrad in einem bis zu 1 000 km breiten Streifen von der Westseite des Schwarzen Meeres bis zum Amurgebiet in Ostasien. Nach Norden hin wird die Grassteppe durch die Waldsteppe begrenzt, die allmählich in geschlossene Laub- oder Nadelwaldgebiete übergeht. In Richtung Süden wandelt sich das Grasland allmählich zur Halbwüste bzw. Wüste.

In der Steppe herrschen starke Temperaturschwankungen: Im Sommer steigen die Werte auf bis zu 25 °C, im Winter fallen sie weit unter den Gefrierpunkt. Die eurasische Steppe gehört zu den Trockenregionen der Erde, d. h., dass die potenzielle jährliche Verdunstungsrate etwa doppelt so hoch ist wie die jährliche Niederschlagsmenge. Hinzu kommt, dass Niederschlagsmenge und Bodenfeuchtigkeit über die Jahre sehr unterschiedlich sind. Die durchschnittliche jährliche Niederschlagsmenge liegt je nach Region bei bis zu 0,4 m^3 pro Quadratmeter. Große Bedeutung für den Wasserhaushalt hat die winterliche Schneedecke. Sie kann am Nordrand der Steppe bis zu 40 cm Höhe erreichen, am Südrand ca. 10 cm. Bei der Schneeschmelze im Frühjahr wird der Steppenboden mit so viel Wasser durchtränkt, dass Pflanzen gedeihen können. Im Laufe des Jahres jedoch gehen die Niederschläge immer weiter zurück, so dass der Boden bis zum Sommer schließlich austrocknet. Der Wachstumszeitraum für die Pflanzen ist also auf zwei bis vier Monate im Jahr beschränkt.

Steigender Anteil der Gräser

Die Vegetation der eurasischen Steppe verändert sich entlang einer Linie von Nordnordwest nach Südsüdost. Entlang dieser Linie nehmen die Niederschläge ab, die Verdunstung, die Vegetationszeit und die mittlere Jahrestemperatur dagegen zu. In der Region, in der die Niederschlagsmenge die Verdunstungsmenge noch ausgleicht, liegt die Grenze zwischen geschlossenem Wald und der Waldsteppenzone. Der Wald ist hier von größeren Wiesenstreifen und Grasinseln unterbrochen, wobei die Gräser bevorzugt an den trockeneren Standorten wie Südhängen und auf feinkörnigem Boden zu finden sind. Mit zunehmender Trockenheit verschwinden auch die letzten Baumbestände und die eigentliche Grassteppenzone beginnt.

Flaches Grasland in der Mongolei.

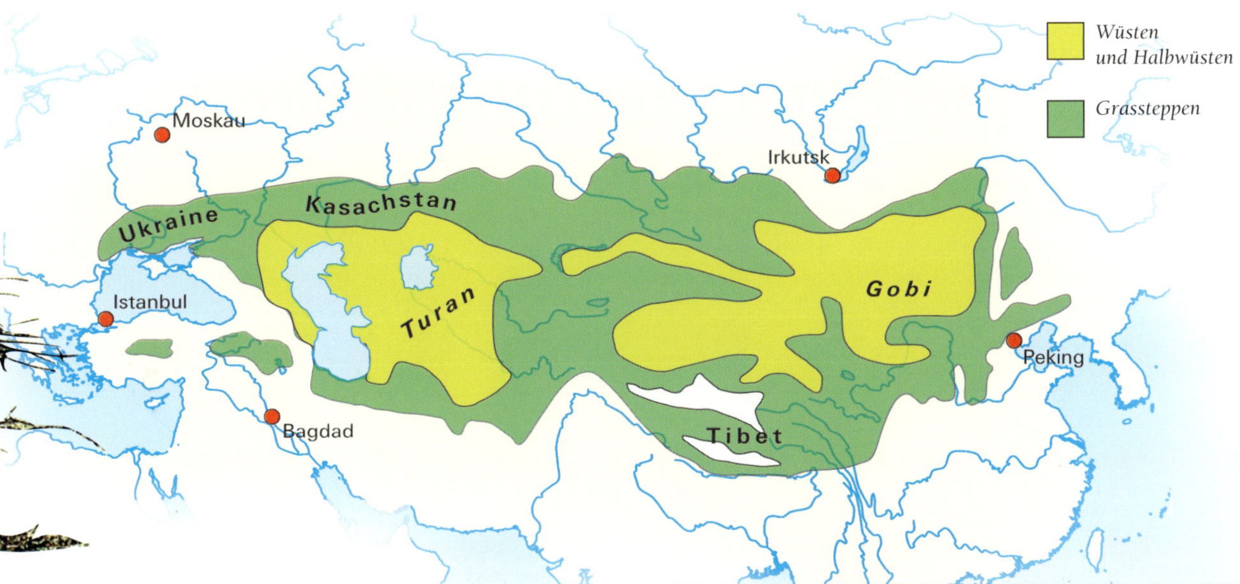

Pflanzen in der Steppe – Eile tut Not!

Krautige Blütenpflanzen müssen in der Steppe ihren Fortpflanzungszyklus rechtzeitig vor der Sommertrockenheit vollenden. Da ihnen nach der Schneeschmelze im Frühjahr dafür nur wenige Monate zur Verfügung stehen, bilden die meisten Arten erst einmal Blüten statt Blätter aus. Die Energie dazu entnehmen sie den im Vorjahr angelegten unterirdischen Nahrungsspeichern wie Zwiebeln oder Knollen. In trockenen Regionen haben viele Blütenpflanzen tief reichende Pfahlwurzeln entwickelt, mit denen sie die Feuchtigkeit im Boden erreichen können.

Diese erste Form der Grassteppe wird als Feuchtsteppe oder Langgrassteppe bezeichnet. Sie weist einen hohen Anteil krautiger Pflanzen und Gräser auf, die eine Höhe von 40 cm bis 1 m erreichen. Mit steigender Trockenheit geht die Langgrassteppe allmählich in die Kurzgrassteppe über. Hier findet man nur noch wenige krautige Pflanzen, die mit der kurzen Vegetationsperiode zurechtkommen. Sie beginnen im Frühjahr zu wachsen und fruchten schnell, denn in der Sommerhitze vertrocknen ihre oberirdischen Teile. Der starke Wind weht sie dann zuweilen, fest ineinander verhakt, als sog. Steppenhexen über den ausgedörrten Boden; dabei verlieren sie nach und nach ihre reifen Samen und erschließen sich so neue Lebensräume. Die Gräser erreichen in der Kurzgrassteppe höchstens 40 cm Höhe. Im äußersten Südsüdosten, wo jährlich maximal während zweier Monate Niederschläge zu erwarten sind, geht die Kurzgrassteppe dann in die Wüstensteppe bzw. Halbwüste über.

Der typische Boden in der eurasischen Steppe ist die fruchtbare Schwarzerde, die bis in eine Tiefe von 2 m reichen kann. Aufgrund des trockenen Klimas werden die Mineralien im Boden nicht ausgewaschen und die Erde ist deshalb sehr feinkörnig.

Die unverzichtbaren Humusbildner

Die Schwarzerdeböden sind auf feinkörnigem, kalkreichem Lößgestein entstanden. Da in der Grassteppe kaum verholzte Pflanzen gedeihen, fällt jährlich viel abgestorbenes Pflanzenmaterial an, das schnell in nutzbaren Humus umgewandelt wird. Aber auch eine große Menge an frischem Grün gelangt, dank zahlreicher tierischer Helfer, in den Untergrund, wo es sich zersetzt und so wesentlich zur Humusbildung beiträgt.

Die unauffälligsten Förderer der Bodenfruchtbarkeit sind Regenwürmer und Ameisen. Regenwürmer verwerten nicht nur abgestorbene Pflanzenteile, sondern durchlüften mit ihren Gängen den Boden, was die Zersetzung fördert. Die Ameisen benötigen eine große Menge an Nahrung, die sie in Form von frischen Pflanzenteilen unter die Erde schaffen. Da sie meist mehr Vorräte anlegen, als sie brauchen, endet ein großer Teil des Futters als Humus. Zu den aktivsten Grabern gehören jedoch die Nagetiere wie etwa Ziesel und Steppenmurmeltier.

Unter den Blütenpflanzen der Steppe sind besonders viele Frühlingsblüher zu finden, wie etwa das Frühlings-Adonisröschen (Adonis vernalis).

Die fruchtbaren Schwarzerdeböden ermöglichen einen intensiven Getreideanbau.

Beim Bau ihrer unterirdischen Wohnhöhlen und ausgedehnten Gangsysteme durchmischen die Tiere die verschiedenen Erdschichten, bringen Mineralstoffe an die Oberfläche und durchlüften den Boden. Aber sie fördern auch die Zersetzung von Pflanzenmaterial, indem sie Wintervorräte anlegen – beim Feldhamster sind es bis zu 10 kg – und Polstermaterial für Schlafhöhlen und Kinderstuben einbringen.

Heimat großer Huftiere

Auch der Einfluss von Tieren kann die Grenze zwischen Waldsteppe und reiner Grassteppe zugunsten des Grases verschieben. Riesige Huftierherden verhindern durch Abweiden der Schösslinge aufkommenden Baum- und Strauchbewuchs. Den Graspflanzen schaden sie nicht – im Gegenteil: Je öfter die Gräser abgefressen werden, umso stärker wachsen sie. Nach der fast kompletten Vernichtung der Großsäugerherden hätte sich die Grenze der Waldsteppe eigentlich wieder nach Süden verschieben müssen. Das verhinderte der Mensch, indem er Steppenlandschaft in riesige landwirtschaftliche Flächen umwandelte.

Einst prägten in Eurasien die Huftierherden das Bild der Landschaft. Steppenwisente, Saigas, Urwildpferde und Halbesel fanden in der endlosen Weite ausreichend Nahrung und Schutz. Der Mensch dezimierte die riesige Anzahl der Grasfresser, indem er ihren Lebensraum durch Zäune einengte und durch Fallen und weit reichende Schusswaffen eine tödliche Gefahr darstellte. So beheimatet die eurasische Steppe heute nur noch einen Bruchteil der einstigen Herden.

Kostbares Ackerland

Das Grasland ist nicht nur für Viehhaltung geeignet, sondern entwickelte sich dank seiner fruchtbaren Schwarzerdeböden zur Kornkammer Osteuropas und Asiens.
Die weiten, baumfreien Ebenen mussten nicht einmal gerodet werden. Doch erst als eine effiziente Technik die notwendige Bewässerung gewährleisten konnte, konnten riesige Flächen erschlossen werden.

Erst die Entwicklung der modernen Landwirtschaft veränderten die Situation. In den nördlichen Regionen breiteten sich Felder und Siedlungen so weit aus, dass die ursprüngliche Steppenlandschaft nur noch in wenigen Naturschutzgebieten erhalten ist. Die südlichen Teile der Steppe hingegen sind bis heute nicht erschlossen. Die Trockenheit und der hohe Salzgehalt des Bodens verhindern Getreideanbau und Viehzucht.

Nager wie die Steppenbirkenmaus (Sicistawsubtilis) sind in Steppenregionen weit verbreitet.

Die Urwildpferde der mongolischen Steppe

Auch wenn in verschiedenen Regionen noch wilde Pferde zu finden sind, wie z.B. der Mustang in Nordamerika, gibt es nur ein echtes Wildpferd. Dieses wird als Urwildpferd oder Przewalskipferd (*Equus przewalskii*) bezeichnet und war ursprünglich in der eurasischen Steppe beheimatet. Nachdem die Art in der freien Natur schon ausgerottet war, wurde sie dank eines langjährigen Zuchtprogramms in europäischen Zoos und in Gehegen in der Mongolei erfolgreich wieder ausgewildert.

Die Urväter

Die heutigen Pferde entwickelten sich aus einem hundegroßen Waldtier, das sich von Blättern und Früchten ernährte. Dieses *Hyracotherium* lebte vor ca. 50 bis 40 Mio. Jahren und hatte mit heutigen Pferden wenig gemein. Es hatte kleinere Zähne, vier einzeln behufte Zehen und ging auf den Sohlen. Betrachtet man die Linie vom *Hyracotherium* zum heutigen Pferd, werden die Tiere mit jeder Entwicklungsstufe größer. Die Mittelzehe tritt deutlicher hervor, während sich die anderen Zehen zurückentwickeln. Die Zähne der Tiere werden größer, schärfer und härter und haben sich der Grasnahrung angepasst.

Ständig auf der Hut

Urwildpferde sind begehrte Beutetiere für Wölfe und Großkatzen. Durch schnelle Flucht gelingt es ihnen meist, ihren Feinden zu entkommen. Um einen guten Überblick zu haben und drohende Gefahren schnell zu erkennen, liegen die Augen seitlich am Kopf, so dass sie ein Gesichtsfeld von beinahe 360 Grad haben. Nur das, was sich hinter ihnen befindet, kann optisch nicht erfasst werden; außerdem liegt ein Bereich vor der Nase im toten Winkel. Die Urwildpferde haben die größten Augen aller landlebenden Säugetiere, können allerdings mit dem überwiegenden Bereich der Augen nur halb so scharf sehen wie ein Mensch. Lediglich ein schmales Band mit einer hohen Dichte an Sehzellen ermöglicht es ihnen, am Horizont eine Bedrohung auszumachen.
Der Geruchssinn und das Gehör der Przewalskipferde sind sehr gut entwickelt. Mit der großen Nase, dem großen Riechhirn und den empfindlichen Ohren sind sie in der Lage, auch nachts ihre Feinde zu enttarnen, wenn diese sich anschleichen.

Auf der Flucht können die Pferde sich dank ihrer langen, starken Beine und der harten Hufe schnell fortbewegen. Sie sind so wendig, dass sie auch auf unebenem Gelände schnell vorankommen, und können ihr Tempo über eine lange Strecke beibehalten. Dabei laufen sie auf den verlängerten Spitzen der Mittelfinger, die von einem scharfkantigen Huf umhüllt sind. Das Laufen auf dem Mittelfinger erhöht durch einen Hebel im Bein die Schnellkraft und sorgt für eine höhere Geschwindigkeit als bei Sohlengängern.

Spezialisierte Grasverwerter

Przewalskipferde sind an ihre Nahrung, das harte Steppengras, angepasst. Gras enthält viele Silikate und ist deswegen schwer zu kauen. Die Zähne werden beim Zerkleinern abgerieben. Um diesen Abrieb so gering wie möglich zu halten, hat sich ihr Gebiss zu breiten Mahlwerkzeugen entwickelt, die mit einer dicken Krone aus festem Zahnschmelz ausgestattet sind.
Der Hauptverdauungsprozess findet bei Pferden im stark verlängerten Blinddarm statt. Dort befinden sich unzählige Bakterien, die die für Säugetiere unverdauliche Zellulose aufschließen. Dieser Vorgang dauert mehrere Stunden, so dass die Tiere regelmäßig Ruhepausen einlegen müssen.
Das Gebiet, in dem sich Urwildpferdherden aufhalten, wird durch die Verteilung der Wasserstellen bestimmt. Die Steppentiere sind mit einem hervorragenden

Urwildpferd
Equus przewalskii

Klasse Säugetiere
Ordnung Unpaarhufer
Familie Pferde
Verbreitung früher in Steppen, Halbwüsten u. Wüsten Zentralasiens
Maße Kopf-Rumpf-Länge: etwa 210 cm
Standhöhe: 120–140 cm
Gewicht 250–350 kg
Nahrung Gräser, Kräuter
Geschlechtsreife mit 2 Jahren
Tragzeit etwa 340 Tage
Zahl der Jungen 1
Höchstalter etwa 20 Jahre

Den harten Steppenwinter übersteht ein Przewalskipferd dank seines dichten Fells problemlos.

Ortssinn ausgestattet, der sie trotz weiter Wanderungen zwischen den Nahrungsquellen immer wieder Wasserstellen finden lässt. Im Winter nehmen die Tiere Schnee als Flüssigkeit auf.

Unter dem Schutz des Leithengstes

Pferde leben in Herden von sechs bis zwanzig Tieren zusammen. Innerhalb der Herde ist der Zusammenhalt sehr stark und das Einzeltier empfindet es als notwendig, sich dem Verhalten der anderen anzupassen. Auch bei Gefahr bleibt das einzelne Pferd instinktiv bei der Herde. Der Zusammenhalt in der Gruppe wird durch gegenseitige Fellpflege gestärkt. Kopf an Schwanz stehend knabbern die Tiere das Fell des anderen vorsichtig ab. Es gibt zwei Typen von Urwildpferdherden: der Harem, der von einem Leithengst angeführt wird und aus Stuten und deren Nachwuchs besteht und Junggesellenherden aus jungen Hengsten. Diese Junggesellengruppen sind Folge der Vertreibung der dreijährigen Hengste durch den Leithengst. Die jungen Hengste suchen Anschluss an andere Hengste, während die jungen Weibchen von selbst den Harem verlassen und entweder von anderen Harems aufgenommen werden oder sich zu einem Hengst gesellen, um den sich eine neue Herde gründet.
In der Haremsgruppe herrscht eine strenge Rangordnung, deren Führungstier der Leithengst ist. Die Leitstute, meist ein älteres Weibchen, bestimmt die Marschroute, führt die Herde bei Streifzügen an und bestimmt die Richtung. Die anderen Stuten folgen ihr der Rangordnung entsprechend. Der Leithengst bildet den Schluss. Die Leitstute kennt sich in der Umgebung aus und findet schnell Wasserstellen, Weideplätze und Winterquartiere. Die Kommunikation findet meist über Körpersprache statt. Lautäußerungen sind bei Urwildpferden selten, ab und zu ein Schnauben oder Brummen. Die Przewalskipferde wiehern im Gegensatz zu

1

Der Nachwuchs wird von der Mutter aufmerksam bewacht.

2

Eine unwillige Stute wehrt mit Huftritten die Annäherungsversuche des Hengstes ab.

Wilde Pferde

Neben den Urwildpferden gibt es weltweit verwilderte Hauspferde:

- Die nordamerikanischen Mustangs sind Nachkommen der von den Spaniern im 16. Jahrhundert eingeführten Pferde. Noch Anfang des 19. Jahrhunderts zogen große Mustangherden durch die Prärie.
- Die Besiedler Australiens führten Pferde ein, die später teilweise verwilderten und sich innerhalb weniger Jahrzehnte im Outback etablierten: die australischen Brumbys.
- Im Süden Frankreichs hat sich über die Jahrhunderte eine Pferderasse entwickelt, die den extremen Bedingungen der Camargue gewachsen ist. Brütende Hitze im Sommer und von Salzwasser überschwemmte Weiden während des restlichen Jahres haben ein weiß gefärbtes Pferd geformt.
- Eine im Diamantensperrgebiet in Namibia beheimatete Herde stammt ursprünglich aus Beständen der südafrikanischen Armee, die unter den Beschuss von Truppen des deutschen Kaiserreichs geriet. Die Tiere flohen in das Gebiet und überlebten.
- Auch in Deutschland gibt es eine natürlich gehaltene Pferderasse, die Dülmener in der Hohen Mark in Nordrhein-Westfalen.

den Hauspferden nie, da sie dadurch Fressfeinde wie den Wolf auf sich aufmerksam machen würden. Ausgewachsene Tiere haben nichts zu befürchten, bedroht sind jedoch die Fohlen. Die Abwehrstrategie besteht darin, dass die Stuten sich in Kreisform um die Fohlen stellen und einen sog. Kumpanenring bilden, der auch manchmal im Winter eingesetzt wird, um die Jungtiere vor dem kalten Wind zu schützen.

Besonders gefährdet sind frisch geborene Fohlen, da sich die Mutter zur Geburt von der Herde entfernt. Diese Absonderung ist wichtig für die Mutter-Kind-Bindung. Das Jungtier wird direkt nach der Geburt und in den ersten Tagen immer wieder von der Mutter abgeleckt, so dass das Fohlen den Geruch der Mutter übernimmt und von der Herde aufgenommen wird.

Fast ausgerottet

Nach der letzten Eiszeit bevölkerten Millionen Wildpferde die eurasische Steppe. Doch schon damals wurde ihr Bestand durch den Menschen stark dezimiert, da sie die wichtigsten Fleischlieferanten darstellten. Ernsthaft bedroht wurden sie aber erst durch die Ausbreitung der Landwirtschaft, da die Wildpferde sich in immer abgelegenere Gebiete zurückziehen mussten.

Von der europäischen Wissenschaft wurde das Urwildpferd dreimal »entdeckt«, aber erst nach der letzten Entdeckung 1878 durch den russischen Forscher Prschewalskij blieb es in Erinnerung. Doch durch weitere Verdrängung und Jagd wurden die frei lebenden Przewalskipferde ausgerottet.
Zum Glück gelang es, einige Tiere für Zoos und Privatgehege nach Europa zu holen. Von den ca. 50 Pferden, die den Transport überlebten, brachten aber nur wenige Nachwuchs zur Welt, so dass die heute etwa 1000 Przewalskipferde auf 13 Tiere zurückgehen.

Zurück in die Wildnis

Nachdem der Bestand der Tiere gesichert war, begann man mit der geplanten Auswilderung. 1980 wurden Wildpferde von Zoogehegen in große umzäunte Gehege umgesiedelt, die ihre natürliche Nahrung enthielten. Nach zwölf Jahren wurden die ersten 16 Przewalskipferde in dem 600 km² großen Schutzgebiet Hustain Nuru in der Mongolei wieder eingebürgert. Nach weiteren zwei Jahren in Eingewöhnungsgehegen wurden 1994 die ersten zwei Haremsgruppen in die Freiheit entlassen. Fast alle Tiere haben die letzten Jahre in Freiheit gut überstanden.

Ziesel: Gestalter der Steppe

In Deutschland im letzten Jahrhundert ausgestorben, ist der Ziesel (Gattung *Citellus*) immer noch das häufigste Säugetier der eurasischen Steppe. Dieses kleine Nagetier hat von allen Tieren den größten Einfluss auf deren Erscheinungsbild. Die Hügel frischer Erde im Steppengras machen die unterirdischen Kolonien des Ziesels auch für den Menschen sichtbar.

Unscheinbar, aber wirkungsvoll

Ziesel graben ausgedehnte Bausysteme, die jedes Jahr vergrößert werden.

In der eurasischen Steppe leben heute noch zwei Zieselarten: der Einfarbige oder Schlichtziesel (*Citellus citellus*) und der Perlziesel (*Citellus suslicus*). Den Perlziesel erkennt man an der fein geperlten Weißfleckung des braungelben Pelzes und am kürzeren Schwanz. Das Verhalten der beiden Zieselarten ist aber nahezu identisch. Beide leben in Erdbauten und haben durch ihre große Anzahl einen erheblichen Einfluss auf die Bodendurchmischung ihres Lebensraums. Durch ihre Wühlarbeit befördern die Ziesel mineralreiche Tiefenerde an die Oberfläche und erhöhen so die Fruchtbarkeit des Steppenbodens, ihre Erdaushübe lockern den Boden auf, der somit die Feuchtigkeit besser halten kann. Die Erdbauten ähneln denen des Feldhamsters. Jungtiere beginnen in ihrem ersten Frühjahr mit einem schräg nach unten verlaufenden Gang. Dieser wird im Herbst in bis zu zwei Metern Tiefe zu einer Nesthöhle erweitert. Kurz vor dem Winterschlaf graben sie eine senkrechte Ausstiegsröhre, die im zweiten Frühjahr nach oben geöffnet wird. Dieser Bau wird von Jahr zu Jahr erweitert.

Ziesel halten einen durchgehenden Winterschlaf, sammeln aber im Spätsommer und Herbst Nahrung in ihren Bauen. Sie benötigen die Vorräte im Frühjahr, da sie dann kaum Sämereien finden und zudem mit der Fortpflanzung beschäftigt sind.

Wenig Nachwuchs

Im Gegensatz zu vielen Nagetieren haben Ziesel meist nur einmal im Jahr Nachwuchs. Die Paarung findet Ende März direkt nach dem Winterschlaf statt. Nach einer Tragzeit von drei bis vier Wochen kommen vier bis sieben – manchmal bis zu elf – nackte und blinde Jungtiere zur Welt. In den ersten zehn Tagen nach der Geburt bleibt die Mutter bei ihren Jungen, zieht danach in einen Nachbarbau und erscheint in regelmäßigen Abständen zum Säugen. Nach einer Woche öffnen sich die Augen der Jungziesel und nach zwei weiteren Wochen verlassen sie zum ersten Mal den Bau. Nach ca. 30 Tagen sind die Ziesel selbstständig. Im nächsten Frühjahr erreichen die

Jungtiere die Geschlechtsreife. Wenn im Herbst reichlich Nahrung vorhanden ist und ein milder Winter folgt, überleben fast alle Jungtiere und es kann im Folgejahr zu einer Massenvermehrung kommen. Obwohl Teile der Zieselpopulation abwandern, kann es zu einer Nahrungsverknappung kommen, die zu Kannibalismus führt. Normalerweise ernähren sich Ziesel von Samen, Früchten, Knollen, Zwiebeln und Kräutern. Manchmal fressen sie auch Insekten, bodenlebende Vögel, deren Gelege und kleine Nagetiere.

Ungezählte Feinde

Jeder Ziesel bewohnt einen oder mehrere Erdbaue für sich. Diese Baue sind so nah beieinander angelegt, dass man von Kolonien spricht. Das enge Zusammenleben bringt einige Vorteile mit sich. Zu den Fressfeinden der Ziesel zählen vor allem Steppenadler und Steppeniltis, die sich in den warmen Monaten fast ausschließlich von Zieseln ernähren. Die tagaktiven Ziesel bevorzugen abgefressene Steppengrasgebiete, so dass ihre Augen ein ungestörtes Blickfeld haben. Während ihrer Nahrungssuche beobachten die Tiere ihre Umgebung und suchen sie nach Gefahren ab. Wird ein Fressfeind erkannt, warnt ein Ziesel seine Artgenossen mit einem schrillen Schrei, so dass sich alle in Sicherheit bringen.

Nicht nur possierlich

Ziesel sind zwar ursprünglich reine Steppenbewohner, finden sich aber auch in der menschlichen Kulturlandschaft zurecht. Die Nähe zum Menschen ist für beide Seiten nicht unproblematisch. Ziesel werden vom Menschen einerseits als Pelz- und Fleischlieferanten gejagt, andererseits als Ernteschädlinge bekämpft. Durch ihre große Anzahl ist die Menge an vernichteten Feldfrüchten erheblich und kann vor allem bei Massenvermehrungen zu vollständigen Ernteausfällen führen. Die Ektoparasiten der Ziesel sind das zweite Problem für den Menschen und seine Haustiere. Über die Flöhe in seinem Pelz kann er Krankheiten wie die Pest übertragen. Auch die Bekämpfung der kleinen Nager verstärkt eher die Seuchenverbreitung, da bei größerer Bedrohung die Ziesel abwandern und mit ihnen die Krankheitserreger. Ein weiteres großes Problem sind die Erdbauten der Ziesel auf den Weiden der Nutztiere. Weidetiere können sich beim Einbrechen in die Baue verletzen.

»Männchen machend« hält dieser Ziesel nach Feinden Ausschau.

Europäischer Ziesel
Citellus citellus

Klasse Säugetiere
Ordnung Nagetiere
Familie Hörnchen
Verbreitung in offenen Landschaften von Tschechien bis in den Westen der Ukraine
Maße Kopf-Rumpf-Länge: 18–24 cm
Gewicht 170–430 g
Nahrung Samen, Früchte, Knollen, Zwiebeln u. Kräuter, aber auch Insekten, Vögel u. kleine Nager
Geschlechtsreife mit 1 Jahr
Tragzeit 3–4 Wochen
Zahl der Jungen 4–7
Höchstalter mindestens 5 Jahre

Ziesel auf dem Golfplatz

Das Steppentier Ziesel ist durch die Rodungen der Wälder auch nach Mitteleuropa eingewandert. Es war Anfang des 20. Jahrhunderts auch in Deutschland weit verbreitet. Durch den verstärkten Gebrauch von Dünger und die Industrialisierung der Landwirtschaft wurde der Ziesel verdrängt und ist seit 1961 in Deutschland ausgestorben. Im benachbarten Ausland, wie in Österreich und Tschechien, gibt es noch kleine Kolonien. Dort haben sie sich hauptsächlich auf gemähten Rasenplätzen, wie Segelflugplätzen oder Golfplätzen, niedergelassen. Deutsche Naturschützer unterstützen die Schutzbemühungen in Tschechien und hoffen, dass die kleinen Nagetiere auch wieder nach Deutschland einwandern.

Der Ziesel war einst auch in Deutschland heimisch, in Österreich und Tschechien ist er noch zu finden.

Flirrende Hitze, Sandstürme, trockenes weites Grasland – die Puszta ist eine Landschaft von eigener Schönheit. Der charakteristische Landstrich bietet nicht nur Vögeln, Schildkröten und anderen Wildtieren, sondern auch vom Aussterben bedrohten Haustierrassen wie Steppenrind, Zackelschaf oder Wollrind Zuflucht.

Eine Steppe in Europa – die Puszta

Noch vor einem halben Jahrhundert kämpfte man in der Puszta gegen Wanderdünen und Sandstürme, die Felder begruben, ganze Ernten zunichte machten und oft tagelang Straßen und Wege versperrten. Um Flugsand und Dünen Einhalt zu gebieten, pflanzte man Wälder und Hecken und veränderte so die ursprüngliche Landschaft. Inzwischen hat man den Wert dieses seltenen Ökosystems erkannt und unter Schutz gestellt: Im Nationalpark Kiskunság kann man nicht nur die letzten Wanderdünen Europas bewundern, sondern auch zahlreichen seltenen Tier- und Pflanzenarten begegnen.

Im Sommer bedeckt Federgras (Gattung *Stipa*) schier endlos erscheinende Dünen. Das zur Familie der Süßgräser gehörende Gras gedeiht auf Böden, auf denen kaum eine andere Pflanze wächst. Seine Fortpflanzungsstrategie ist an die Lebensbedingungen der Steppe optimal angepasst: Die pfeilförmigen Samen der Gräser, die ein langes fedriges Ende aufweisen, sammeln sich – vom Wind befördert – an günstigen Stellen im Sand. Haben sie Halt gefunden, drehen sie sich mithilfe ihres fedrigen Endes tief in den Boden und verankern sich dort. Im Kiskunság-Nationalpark finden sich heute die größten Federgrasflächen in Europa.

Die Federgräser, die im Sommer die Dünen bedecken, heißen auch treffend »weißes Mädchenhaar«.

Am Rand der Puszta liegen Feuchtgebiete, die ein Mekka für viele Vogelarten darstellen. Millionen Vögel nutzen den geschützten Landstrich als Brutplatz oder machen hier im Herbst und Frühling auf ihren weiten Flugreisen Rast. So kommt fast ein Drittel aller europäischen Säbelschnäbler (Familie *Recurvirostridae*) zum Brüten in die Puszta, da sie hier einen perfekten Futterplatz vorfinden: Als Nahrungsspezialisten sind sie auf warme, schlammige, salzhaltige Gewässer angewiesen, in denen sich Kleinkrebse und andere Wasserbewohner gut vermehren. Auch die selten gewordenen Großtrappen (*Otis tarda*) haben in der Puszta eine Heimat gefunden. Für diese Vögel ist der Nationalpark – ebenso wie für die vom Aussterben bedrohte Europäische Sumpfschildkröte (*Emys orbicularis*) – eines der letzten Verbreitungsgebiete.
Seitdem die Kiskunság 1975 zum Nationalpark erklärt worden ist, kehren immer mehr Tierarten zurück. Auch der Wolf, der noch zu Beginn des 20. Jahrhunderts zum gewohnten Bild der Puszta gehörte, hat sich sein ursprüngliches Revier wieder erobert.

Biobauern und Nationalparkwächter wollen in der Puszta Naturschutz und Ökonomie zusammenbringen. Deshalb wird die Haltung von ungarischen Steppenrindern gefördert.

Als Tier, das sich in Massen von einer Klippe ins Meer stürzt und kollektiven Selbstmord begeht, ist der Lemming, von dem es viele Arten und Gattungen gibt, in unseren Köpfen präsent. Die Wahrheit berührt dieser Mythos nur am äußersten Rand, nichtsdestotrotz ist die Lebensweise des Steppenlemmings (*Lagurus lagurus*) eine sehr spannende Angelegenheit.

Steppenlemminge: grabefreudige Fluchttiere

Ausgedehnte Gangsysteme

Der Lebensraum der Steppenlemminge sind die halbtrockenen Wermutsteppen von der Ukraine bis nach China. Dort herrschen Schwarzerdeböden oder andere grabfreundliche Bodentypen vor. Steppenlemminge leben in riesigen Kolonien. Ihre Behausungen bestehen aus unterirdischen, bis zu 90 cm tiefen Gang- und Höhlensystemen. Die Geburts- und Aufzuchthöhlen liegen etwas höher als die Wohnhöhlen. Der obere Bereich ist durchzogen von Fluchtgängen, in die sich die Tiere zurückziehen, wenn sie bei der Nahrungssuche von Fressfeinden überrascht werden. Zu diesen gehören vor allem Greifvögel wie Eulen sowie Iltisse. An der Oberfläche führen so genannte Laufstraßen zu den Fluchttunneln, so dass die Steppenlemminge, die im hohen Steppengras Orientierungsschwierigkeiten haben, im Notfall leicht den schnellsten Weg zu den Eingängen der Fluchthöhlen finden können. Diese Laufstraßen werden durch die häufige Nutzung ausgetreten. Größere Hindernisse werden entfernt.

Perfekt angepasst

Steppenlemminge sind 8 – 12 cm lang. Bis auf die Fußsohlen sind sie mit dichtem Fell bedeckt, das auf der Oberseite graubraun und mit einem langen schwarzen Aalstrich versehen ist. Die Seiten sind hellbraun, während die Unterseite gelblich weiß gefärbt ist. Durch ihre Tarnfarbe sind Steppenlemminge bei Bewegungslosigkeit aus der Luft nicht auszumachen. Das fettige Fell ist wasserabweisend, so dass die Tiere bei feuchter und kalter Witterung nicht so schnell auskühlen. Dank ihrer Körperform können sie schnell durch das Steppengras und ihre Gangsysteme rennen, ohne hängen zu bleiben.

Die Nahrung der Steppenlemminge ist rein pflanzlich. Sie ernähren sich von Kräutern, Gräsern, Pflanzenzwiebeln und -knollen, Sämereien und Getreide. Ein Teil der Nahrung wird getrocknet und als Wintervorrat gelagert. Konflikte mit der Landwirtschaft treten vor allem an den Grenzen zwischen Steppenlandschaft und landwirtschaftlich genutzter Fläche auf, da bei verstärktem Auftreten große Teile der Ernte vernichtet werden können.

Um die Körpertemperatur aufrechtzuerhalten, verbrennen die Tiere viel Energie. So sind sie gezwungen, alle paar Stunden Nahrung zu sich zu nehmen, auch nachts. Deshalb halten Steppenlemminge keinen Winterschlaf, sie wären nach wenigen Tagen, trotz abgesenkter Körpertemperatur, verhungert.

Massenauswanderung bei Bevölkerungsexplosion

Steppenlemminge können sich das ganze Jahr über vermehren, die Hauptfortpflanzungszeit liegt zwischen April und Oktober. Der Zyklus der Weibchen beträgt eine Woche, das heißt, sie sind alle sieben Tage brünstig. Die Tragzeit beträgt ca. 20 Tage und die Wurfgröße liegt zwischen drei und sieben Jungtieren. Diese wiegen nur ein Gramm und können meist alle aufgezogen werden. Nach zehn Tagen bis zwei Wochen sind die Jungtiere schon selbstständig und nach gut einem Monat geschlechtsreif.

Jedes Weibchen kann bis zu fünfmal im Jahr Junge zur Welt bringen. Diese hohe Fortpflanzungsrate kann in Jahren mit einem großen Nahrungsangebot und guten Rahmenbedingungen zur Bevölkerungsexplosion führen. Um eine Zerstörung der Nahrungsgrundlage für die Kolonie zu vermeiden, wandern die überzähligen Tiere bei extremen Bevölkerungszuwachs aus. Während dieser Massenwanderungen sterben viele Tiere an Erschöpfung, durch Fressfeinde und Unfälle, die durch das Gedränge verursacht werden. Finden die Überlebenden einen geeigneten Lebensraum, gründen sie eine neue Kolonie.

(1)

Steppenlemminge fühlen sich nicht nur an Land wohl, sondern sind auch ausgezeichnete Schwimmer.

(2)

Lemminge auf Wanderschaft bilden lange Kolonnen.

Steppenlemming
Lagurus lagurus

Klasse Säugetiere
Ordnung Nagetiere
Familie Mäuse
Verbreitung Ukraine bis China
Maße Kopf-Rumpf-Länge: 8–12 cm
Gewicht nicht bekannt
Nahrung Gräser und Kräuter, besonders Wermut, Pflanzenzwiebeln und -knollen, Sämereien und Getreide
Geschlechtsreife mit 6 Wochen
Tragzeit etwa 3 Wochen
Zahl der Jungen 3–7
Höchstalter nicht bekannt

Der Tigeriltis: ein geschickter Jäger

Denkt man an Raubtiere, wird die Gruppe der Marder, zu der der Tigeriltis (*Vormela peregusna*) gehört, oft vergessen. Mit dieser artenreichen Familie assoziiert man hierzulande meist Pelzmäntel oder Kabelfraß. Die hübschen Tiere sind perfekte Jäger. Tigeriltisse bewegen sich bevorzugt am Boden oder unter der Erde und können so ihren Opfern folgen, sie sind aber auch gute Kletterer.

Ungeliebter Untermieter

Der Tigeriltis bevorzugt weite Steppengebiete ohne Baumbewuchs als Lebensraum. Er kommt aber auch in baumbestandenen Grasflächen und in Halbwüsten bestens zurecht. Sein Verbreitungsgebiet reicht vom östlichen Balkan im Westen bis in die Steppengebiete der Mongolei und in Westchina im Osten. Das Verbreitungsgebiet wird im Norden etwa vom 51. Breitengrad begrenzt und reicht im Süden bis in den Nahen und Mittleren Osten.

Als Unterschlupf dient dem Tigeriltis ein Erdbau, den er, wenn nötig, selbst gräbt. Meist nistet er sich aber in Bauen anderer Steppentiere, wie Ziesel, Große Rennmaus oder Hamster, ein. Diese Nagetiere sind zugleich seine Hauptbeutetiere. Die Beutetiergröße reicht in der Regel von Zwerghamstern bis hin zu etwa meerschweinchengroßen Nagetieren. Er verschmäht aber auch Vögel, Reptilien und Amphibien nicht. In extrem heißen Gegenden ernährt er sich hauptsächlich von Insekten und anderen Wirbellosen. Auf seinen nächtlichen Beutezügen schlängelt er sich durch das Gras und rast so schnell durch die Baue seiner Beutetiere, dass diese kaum eine Chance zur Flucht haben.

Tigeriltisse haben einen schlanken, beweglichen Körper mit auffälliger Fellzeichnung.

Berüchtigter »Stänker«

»Stänker« wird der Tigeriltis aufgrund seines Abwehrverhaltens genannt. Iltisse empfinden wenig Scheu vor anderen Tieren. Fühlt sich der Tigeriltis doch einmal bedroht, zum Beispiel wenn er überrascht oder in die Ecke gedrängt wird, plustert er sich zuerst auf, bildet mit seinem Rücken einen Buckel, um größer zu erscheinen, und legt seinen Schwanz darüber. Dazu brummt und knurrt er. Schreckt das alles den Angreifer nicht ab, setzt der Tigeriltis sein übel riechendes Abwehrsekret ein. Wie alle

Verbreitung des Tigeriltis

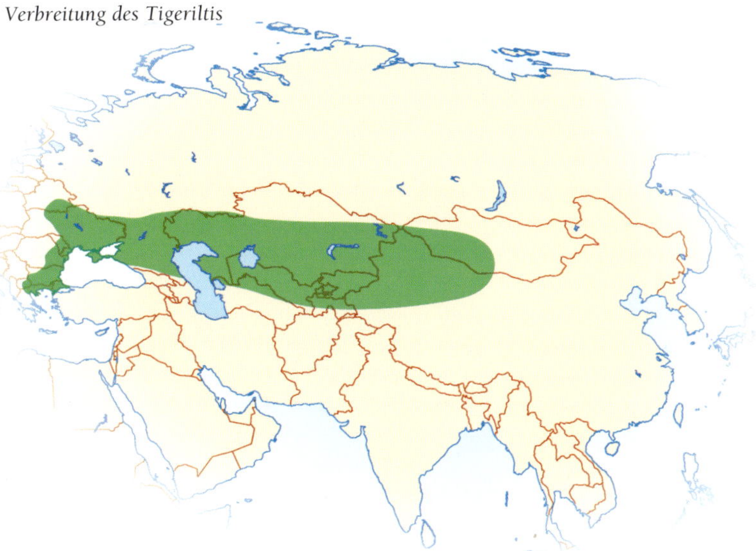

Marder besitzt auch der Tigeriltis Aftertaschen, die mit einem Drüsensekret gefüllt werden. Dieses Sekret kann er auf einen Gegner abfeuern. Durch den Schreck und den starken, Brechreiz hervorrufenden Gestank wird der Angreifer in die Flucht getrieben und wird mit großer Wahrscheinlichkeit keinen Tigeriltis mehr attackieren. Diese Verteidigungsstrategie haben besonders der nordamerikanische Skunk, der afrikanische Zorilla und der südostasiatische Stinkdachs entwickelt. Der Tigeriltis steht ihnen kaum nach. Von der Wirksamkeit seiner Abschreckung überzeugt, zeigt er wenig Scheu gegenüber dem Menschen.

Leicht zu halten

Dieser Tigeriltis ist im Zoo von Frankfurt am Main zu Hause.

Mit der Hand aufgezogene Jungtiere aus Wildnis oder Gefangenschaft werden zahm. Sie werden als Haustiere gehalten und können zur Jagd auf Kaninchen oder Mäuse abgerichtet werden. Der Pelz der Tigeriltisse hat eine auffällige Färbung, auf der Körperunterseite dunkelbraun, auf der Oberseite fast weiß mit hellbrauner Musterung. Das Fell ist von minderer Qualität, so dass sie nie als Pelztiere gejagt oder gezüchtet wurden. In Gefangenschaft gehaltene Tigeriltisse können bis zu neun Jahre alt werden, das Alter in der freien Natur ist nicht bekannt.

Alleinerziehende Mütter

Tigeriltisse leben wie alle Marder einzelgängerisch, jedes Aufeinandertreffen führt zu einem Laut- und Drohgefecht sowie zu heftigen Kämpfen. Nur zur Brunstzeit im Januar und Februar kommen Männchen und Weibchen für die Paarung zusammen. In der Nähe des Weibchenreviers häufen sich dann die Kämpfe rivalisierender Männchen. Nach dem Geschlechtsakt geht der Tigeriltismann sofort wieder seine eigenen Wege und lässt das Weibchen allein zurück. Nach zwei Monaten Tragzeit bringt das Weibchen vier bis fünf Junge zur Welt. Die blinden, hilflosen Jungtiere werden in einem Bau vom Muttertier versorgt. Die Jungtiere verlassen nach drei Monaten den Bau und werden selbstständig. Neun Monate nach der Geburt sind Tigeriltisse geschlechtsreif und können sich bereits im ersten Lebensjahr fortpflanzen.

Der Lebensraum wird enger

Die Art gilt wegen ihrer großen Verbreitung als nicht bedroht, in einzelnen Teilen des Verbreitungsgebiets aber ist der Rückgang so drastisch, dass die Tiere lokal als stark gefährdet gelten. Dies ist vor allem in Europa der Fall, wo die natürliche Steppenlandschaft immer mehr der industrialisierten Landwirtschaft weichen muss. So vernichtet etwa das Beweiden der Flächen mit großen Viehherden die Lebensgrundlage der Nagetiere und damit auch ihrer Jäger. Durch die Haltung zu vieler Weidetiere auf zu kleiner Fläche wird die Landschaft überbeansprucht und die Grasnarbe zerstört. Dies führt zu Bodenerosion und zur Abwanderung der Steppenbewohner.

Tigeriltis
Vormela peregusna

Klasse Säugetiere
Ordnung Raubtiere
Familie Marder
Verbreitung in Steppen, Halbwüsten- und Wüsten Eurasiens
Maße Kopf-Rumpf-Länge: 27–35 cm
Gewicht 370–710 g
Nahrung kleine Nager, junge Vögel, Eier, Reptilien, Insekten
Geschlechtsreife mit 9 Monaten
Tragzeit 56–63 Tage
Zahl der Jungen 4–5
Höchstalter bis 9 Jahre (in menschlicher Obhut)

Wechselkröten, hier ein Weibchen, besitzen waagerechte, elliptische Pupillen und unbezahnte Kiefer, die Haut ist warzig und die Hautsekrete sind giftig.

Die Wechselkröte: an Klimaextreme angepasst

Kröten rufen als meist nacht- und dämmerungsaktive Tiere – im Gegensatz zu den tagaktiven Fröschen – und aufgrund ihrer warzigen Haut bei Menschen oft unangenehme Gefühle hervor. Dabei wird leider oft übersehen, zu welchen faszinierenden Anpassungen an ihren Lebensraum Kröten (Gattung *Bufo*) fähig sind.

Wechselkröte
Bufo viridis

Klasse Amphibien
Ordnung Froschlurche
Familie Kröten
Verbreitung Mittel- und Osteuropa bis Zentralasien, Nordafrika
Maße Länge: 5–12 cm
Nahrung Würmer, Käfer, Schnecken, Spinnen
Geschlechtsreife nach 2–4 Jahren
Zahl der Eier 2000–18 000
Schlupfzeit nach wenigen Tagen
Höchstalter ca. 10 Jahre

Kröte der Extreme

Die Wechselkröte oder Grüne Kröte (*Bufo viridis*) hat ein riesiges Verbreitungsgebiet von Nordafrika bis Südschweden, von Frankreich bis in die Mongolei und das Himalayagebirge. Diesen extrem unterschiedlichen Lebensräumen hat sie sich gut angepasst. Die Wechselkröte hält daher einige Rekorde unter den in Europa und Asien heimischen Kröten. Sie kommt am besten mit Trockenheit zurecht und fühlt sich damit als einzige Kröte in der relativ trockenen eurasischen Steppe wohl. Sie ist am unempfindlichsten gegen Kälte und lebt im Himalaya bis in Höhen von 4200 Metern. Ihre Eier und Larven kommen mit den salzhaltigen, brackigen Binnenseen Asiens, Brackwassertümpeln der Steppe und sogar dem salzigen Wasser der Oasen in der Sahara zurecht. Trotz ihrer Kälteunempfindlichkeit, die sie vor allem die strengen Winter im Gebirge oder in der eurasischen Steppe überleben lässt, bevorzugt die Wechselkröte offene, sonnenbestrahlte, trockenwarme Lebensräume. Die Vegetation darf nicht zu dicht stehen und die Kröte muss sich gut in die Erde graben können. Als Laichgewässer bevorzugt sie flache, warme Gewässer ohne Pflanzenbewuchs.

Zur Fortpflanzung zurück ins Kinderzimmer

Wechselkröten können bis zu zweimal im Jahr ablaichen. Die Laichzeit beginnt im März, die letzten Eier werden Mitte Juni abgelaicht. Zur Fortpflanzung wandern die Kröten zu ihren Geburtsgewässern. Die Männchen erreichen das Laichgewässer meist vor den Weibchen und lassen den typischen,

Kröte oder Frosch?

Dank der mächtigen Schallblase sind die Rufe der Männchen weit zu hören.

Eine exakte Trennung zwischen den Begriffen »Kröte« und »Frosch« ist biologisch nicht durchführbar. Festzuhalten ist, dass Frösche und Kröten zur Ordnung der Froschlurche zählen. Diese umfasst über 3400 Arten und ist in 17 Familien aufgeteilt, darunter die Krötenfrösche. Die warzige Haut ist kein exklusives Merkmal der Echten Kröten. Ein sicherer Hinweis ist dagegen die Schnurform des Krötenlaichs.

vogelgesangähnlichen Triller hören, der durch ihre Schallblase verstärkt wird. Bei Ankunft der Weibchen werden diese von den Männchen von hinten umklammert und bis zur Ablage der Eier nicht mehr losgelassen. Da die Geschlechtsunterschiede gering sind, kommt es häufiger zu gleichgeschlechtlichen Paarungen, wobei der untere Partner den Verehrer durch einen speziellen Laut auf seinen Fehler aufmerksam macht.

Das Weibchen lässt 2000 – 18000, braun bis schwarz gefärbte, Eier zwei- bis vierreihig in mehrere Meter langen Schnüren ins Wasser. Während der Ablage werden die Eier vom Männchen befruchtet. Schon nach wenigen Tagen schlüpfen die Kaulquappen, die nach zwei Tagen ihre äußeren Kiemen verlieren. Die Kaulquappen ernähren sich von Plankton und Insektenlarven und entwickeln sich nach drei bis vier Monaten zur Kröte.

Schutz im flachen Wasser

Die Haut der Wechselkröte ist normalerweise grau bis bräunlich gefärbt mit einem charakteristischen dunkelgrünen Muster auf dem Rücken. Im Gegensatz zu anderen einheimischen Kröten sind diese Tiere auch tagsüber unterwegs. Um sich unter diesen Bedingungen besser vor Fressfeinden tarnen zu können, sind Wechselkröten in der Lage, ihre Hautfarbe der des aktuellen Untergrunds anzupassen. Feinde der Kröte sind vor allem Vögel. Um sich vor diesen zu schützen, sondert die Wechselkröte ein übel riechendes Sekret ab. Am stärksten sind jedoch die Eier und Kaulquappen gefährdet. Sie werden von Fischen, Raubkäfern und Libellenlarven verzehrt. Deshalb sind Kaulquappen sehr scheu und verbergen sich bei der geringsten Beschattung. Die wirksamste Methode zum Schutz des Nachwuchses ist gleichzeitig auch sehr gefährlich. Wie schon beschrieben, suchen sich Wechselkröten flache, pflanzenfreie Wasserstellen zum Laichen. Das Fehlen von Wasserpflanzen reduziert die Anzahl an Fressfeinden, kann aber auch darauf hinweisen, dass das Gewässer im Laufe des Sommers austrocknet, was wiederum das gesamte Gelege kosten kann, wenn die Metamorphose zur Kröte zu diesem Zeitpunkt noch nicht abgeschlossen ist.

Das Männchen hält seine endlich gefundene Partnerin bis zur Eiablage fest umklammert.

Einen nahen Verwandten des Goldhamsters aus dem heimischen Kinderzimmer kann man heutzutage leider nur noch selten in Mitteleuropa beobachten. Trotzdem ist der Feldhamster (*Cricetus cricetus*) eines der bekanntesten und am besten untersuchten einheimischen Nagetiere. Seine Gier ist sprichwörtlich, aber ein durch den Ackerbau hervorgerufenes Phänomen.

Der Feldhamster: ein bedrohter Nager

Emsiger Baumeister

Hamster leben in Erdbauten, die sie in weichem, tiefgründigen Boden mit niedrigem Grundwasserspiegel graben. Kein Hamsterbau gleicht dem anderen. Ein Grundschema ist aber zu erkennen: Jeder Bau besitzt mehrere Kammern, einen Schlafkessel, eine oder mehrere blind endende Kotkammern und mehrere riesige Vorratskammern. Diese Kammern findet man einmal in einer Bodentiefe von etwa einem halben Meter und nochmals in einer Tiefe von bis zu zwei Metern. Das obere Kammersystem nutzt der Hamster vom Frühjahr bis zum Herbst, das tiefere, das sich im frostfreien Bereich befindet, zum Winterschlaf. Die Kammersysteme der Hamster verfügen über mindestens ein flaches Ausschlupfloch und ein tiefes, fast senkrechtes Fallloch, das der schnellen Flucht vor Fressfeinden dient. Weibchen bauen deutlich mehr Ausgänge und Falllöcher als Männchen.

Sprichwörtliche Hamsterbacken

Ein heute noch geläufiger Begriff ist das »Hamstern«, und sein Namensgeber macht seinem Ruf alle Ehre.

Der Feldhamster ernährt sich vor allem von Getreide, Knollen und Klee, frisst aber auch Wildkräuter. Sein Speiseplan wird durch tierische Nahrung, wie Regenwürmer, Engerlinge und Mäuse, ergänzt.

Das ganze Jahr über sammeln Feldhamster in der Dämmerung und nachts in ihren großen Backentaschen Nahrung, um sie im sicheren Erdbau zu verspeisen oder als Vorrat anzulegen. Besonders im Spätsommer und Herbst legen sie Wintervorräte aus rein pflanzlicher, lagerfähiger Nahrung an. Das können zu Beginn ihres Winterschlafes bis zu 90 kg Nahrung sein. Der Feldhamster fällt zwar in einen echten Winterschlaf, wacht aber alle paar Tage aus seiner Starre auf und frisst von seinen Vorräten, wobei er während des ganzen Winters nur einige Kilogramm davon verbraucht.

Hamster stoppt Global Player!

Im Sommer und Herbst 2001 wurde auf der Baufläche für ein großes Gebrauchtwagenzentrum des DaimlerChrysler-Konzerns im sächsischen Wiedemar (bei Leipzig) eine Feldhamsterpopulation entdeckt. Aufgrund des strengen Schutzes der Tierart verhängte das Regierungspräsidium Leipzig einen Baustopp. DaimlerChrysler als Bauherr musste erst die gesamte Population für 25 000 DM umsiedeln lassen, bevor die Baumaßnahmen wieder aufgenommen werden durften. Die Hamster wurden von Biologen mithilfe von Ködern aus Mais oder Äpfeln in Lebendfallen gefangen und in einem mehrere Kilometer entfernten Getreidefeld wieder ausgesetzt.

Ein in Wiedemar gefangener Feldhamster wartet darauf, dass er seine Freiheit wieder erhält.

Vermehrungsfreudig

Da die Hamster fast das ganze Jahr streng solitär leben, ist das Zusammenkommen zur Paarung ein langwieriges Geschäft. Männchen und Weibchen müssen sich unter vielen kleinen Kämpfen und Drohungen über einen längeren Zeitraum aneinander gewöhnen. Schließlich treibt das Männchen unter rhythmischem Schnaufen das Weibchen in ihren Bau, wo es zur Paarung kommt. Meist verjagt das Weibchen das Männchen kurz nach der Paarung.

Nach einer Tragzeit von 18 – 20 Tagen bringt das Weibchen vier bis zwölf blinde und nackte Junge zur Welt. Da die Mutter nur über acht Zitzen verfügt, werden die überzähligen Jungtiere getötet und von der Mutter oder den Geschwistern verzehrt. Die Jungtiere kommen schon mit Nagezähnen zur Welt und knabbern bereits nach einer Woche an Pflanzenmaterial. Erst nach zwei Wochen öffnen sie die Augen. Nach drei Wochen verlassen sie den Bau der Mutter und leben selbstständig.

Weit verbreitet und doch bedroht

Das Verbreitungsgebiet des Feldhamsters reicht von Westeuropa bis nach China. Der Hamster profitiert von der verstärkten landwirtschaftlichen Nutzung der ursprünglichen Steppengebiete, da seine bevorzugte Nahrung nun massenhaft vorhanden ist. Doch die zunehmende Industrialisierung der Landwirtschaft setzt dem Hamster heftig zu.

Feldhamster
Cricetus cricetus

Klasse Säugetiere
Ordnung Nagetiere
Familie Hamster
Verbreitung in offenen Landschaften von Belgien bis zum russischen Altaigebirge und nach Kasachstan
Maße Kopf-Rumpf-Länge: 20–27 cm
Gewicht 220–460 g
Nahrung Getreide, Knollen, Klee, Wirbellose und kleine Wirbeltiere
Geschlechtsreife mit 2–3 Monaten
Tragzeit 18–20 Tage
Zahl der Jungen 4–12
Höchstalter bis 4 Jahre

Bau eines Feldhamsters

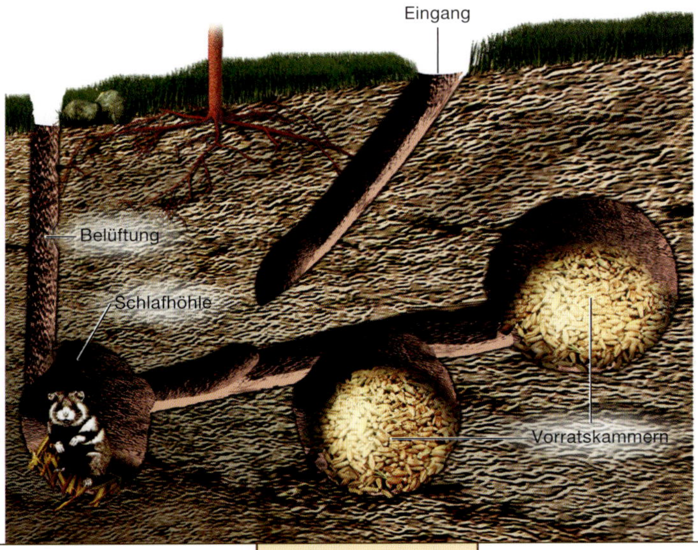

Imposante Tänzer: Großtrappen

Zwei Populationen

Das ursprüngliche Verbreitungsgebiet der Großtrappe reichte von Marokko über Europa bis weit nach Asien hinein. Als sich in Mittel- und Osteuropa die Steppen zu Waldgebieten wandelten, boten sie ihnen keinen geeigneten Lebensraum mehr. Erst als Menschen Wälder rodeten und Felder anlegten, kamen die Tiere wieder nach Europa. Durch die Trennung in Spanien und Marokko von den anderen Beständen bildeten sich zwei unterschiedliche Populationen. Heute sind Großtrappen in Europa größtenteils ausgestorben oder stark bedroht.
Die meisten Großtrappen leben in Spanien; sie können wegen der genetischen Unterschiede nur bedingt zur Auffrischung anderer Bestände herangezogen werden.

Kraftvoll und imposant wirkt sein Flugstil, obwohl dieser Vogel zu den schwersten flugfähigen Vögeln der Welt zählt. Meist bewegt sich die Großtrappe (*Otis tarda*) in den weiten, offenen Flächen ihrer europäischen und asiatischen Verbreitungsgebiete jedoch am Boden. Nur selten bekommt man die scheuen Tiere zu Gesicht, aber im Frühling kann man mit etwas Glück den Balztanz der Großtrappenhähne beobachten.

Wachsam und fluchtbereit

Großtrappen benötigen weiträumige, störungsarme Gebiete. In kleinen Gruppen durchstreifen sie die offenen Grasflächen und Steppen, in denen weder Büsche noch Bäume den Blick verstellen. Unablässig beobachten sie ihre Umgebung. Nur so können sie Feinde frühzeitig entdecken und zu Fuß rechtzeitig die Flucht ergreifen. Sie sind so empfindlich gegen Störungen, dass sie bereits flüchten, wenn der Feind noch einen halben Kilometer entfernt ist. Zu ihren natürlichen Feinden zählen vor allem Greifvögel wie Adler und in der Nacht Füchse.

Die größte Gefahr für die Großtrappen ist jedoch der Mensch. Zum einen dezimierte er die Bestände durch die Jagd. Zum anderen ist eine wachsende Intensivierung und Industrialisierung der Landwirtschaft zu verzeichnen – mit verheerenden Folgen: Die Maschinen zerstören die Gelege der Tiere und töten die Küken, auch die Altvögel werden gestört und vertrieben. Dank massiver Düngung können die Felder jedes Jahr bestellt werden, so dass die wichtigen Brach- und Grasflächen auf ein Minimum reduziert sind.

Groß und doch unsichtbar

Großtrappen sind fast ausschließlich zu Fuß in der Steppe unterwegs, so dass sie manchmal tage- oder wochenlang am Boden bleiben. Obwohl die Vögel mit ihrer Körpergröße von etwa einem Meter und einer Flügelspannweite von bis zu 2,60 m leicht zu erkennen sein müssten, sind sie in ihrer Umgebung kaum auszumachen. Ihr Tarnkleid ist im Wesentlichen sandfarben und damit perfekt an trockene Gräser angepasst. Auch das bräunliche, schwarz gebänderte Gefieder der Körperoberseite lässt die Vögel fast mit ihrer Umgebung verschmilzen. Mit einem Gewicht von bis zu 18 kg gehören sie zu den schwersten flugfähigen Vogelarten. Auffallend ist der Größenunterschied der Geschlechter: Die Hennen sind rund ein Drittel kleiner als die Hähne und wiegen 3 – 5 kg. Zu sehen bekommt man gewöhnlich nur die Hähne, etwa wenn sie auffliegen und ihre weißen Flecken auf den Flügeln aufblitzen oder wenn sie im Frühjahr balzen.

»Tierische Blumen«

Der Frühling ist die einzige Zeit, in der sich Hennen und Hähne näher kommen. Normalerweise leben die Vögel in Kleinschwärmen, die entweder aus Hähnen oder aus Hennen mit Jungvögeln bestehen. Zu

Ein balzender Großtrappenhahn versucht den Hennen zu imponieren.

Beginn der Balz sammeln sich die Großtrappenhähne in einer besonderen Balzarena und beginnen mit ihrem lautlosen Tanz. Dabei präsentieren sie ihr weißes Gefieder, indem sie den Schwanz auf den Rücken legen, ihren bis zu 30 cm langen Kehlsack aufblasen und den Kopf in den Nacken werfen; zum Schluss verdrehen sie die Flügel so, dass die leuchtend weißen Flügelunterseiten den Rest des Hahns in einer weißen »Federblüte« verschwinden lassen. Das ganze Gebilde lässt der Hahn vibrieren und dreht sich dabei ruckartig im Kreis. Plötzlich klappt er die ganze Pracht zusammen, läuft ein paar Meter und lässt den weißen Federball wieder »erblühen«. Bald sammeln sich paarungswillige Hennen rund um die Balzarena, um einen Partner zu wählen. Nach der Begattung trennen sich die Wege der Vögel. Die Hennen suchen sich einen Nistplatz, der gut versteckt im hohen Gras liegt. Ihre bis zu vier olivgrünen Eier legen sie in einer Bodenmulde ab. Während der etwa dreiwöchigen Brutzeit lässt die Henne das Gelege kaum aus den Augen. Nähert sich ein Feind, lockt sie ihn vom Nest weg, um dann zu fliehen und später zurückzukehren. Die Küken sind Nestflüchter und folgen der Mutter schon kurz nach dem Schlüpfen. Nach 4 – 5 Wochen ist der Nachwuchs selbstständig, bleibt aber noch mehrere Monate beim Altvogel.

Mischkost bevorzugt

Großtrappen ernähren sich von Knospen, Trieben, Blättern und Samen. Je nach Jahreszeit und Nahrungsangebot fressen sie auch Früchte. Mit ihrem kräftigen, geraden Schnabel können sie Samen knacken und Früchte zerkleinern, aber auch Wurzeln, Feldfrüchte und Blumenzwiebeln ausgraben. Als tierische Ergänzungsnahrung werden Insekten, Eidechsen und Mäuse verspeist. Großtrappen müssen regelmäßig trinken. Deshalb ist das Vorhandensein von Wasserstellen für sie unabdinglich.

Großtrappe
Otis tarda

Klasse Vögel
Ordnung Kranichvögel
Familie Trappen
Verbreitung Asien, Südwest- und Mitteleuropa, Marokko
Maße Länge: bis 1 m; Spannweite: bis zu 2,6 m
Gewicht Männchen bis 18 kg, Weibchen 3–5 kg
Nahrung Knospen, Triebe, Blätter, Samen, Insekten, Eidechsen, Mäuse
Geschlechtsreife mit 4 Jahren
Zahl der Eier bis zu 4
Brutdauer 21 Tage
Höchstalter über 50 Jahre (in menschlicher Obhut)

Jungfernkraniche: langbeinige Zugvögel

Den kleinsten Kranich der großen Kranichfamilie kann man heute in Europa nur noch im äußersten Osten zu Gesicht bekommen. Das auffälligste Merkmal des Jungfernkranichs (*Anthropoides virgo*) sind die dichten Federbüschel hinter den roten Augen, mit deren Hilfe man ihn von den anderen Kranicharten unterscheiden kann.

Jungfernkranich
Anthropoides virgo

Klasse Vögel
Ordnung Kranichvögel
Familie Kraniche
Verbreitung Atlasgebirge, Türkei, Zentralasien bis China
Maße Länge: 90 cm; Spannweite: 150–170 cm
Gewicht 2–3 kg
Nahrung Samen, Insekten, Würmer, Eidechsen
Zahl der Eier 2
Brutdauer 27–31 Tage
Höchstalter über 50 Jahre (in menschlicher Obhut)

Ständig flugfähig …

Im Gegensatz zu den meisten Kranichen bleiben Jungfernkraniche das ganze Jahr über flugfähig, da sie bei der Mauser nicht alle Schwungfedern auf einmal verlieren. Dieser gestaffelte Austausch der Schwungfedern ist als Anpassung an den Lebensraum Steppe zu bewerten, damit die Kraniche jederzeit vor Feinden fliehen können. Daher ist der Jungfernkranich nicht so sehr an das Wasser gebunden und kann auch mehr als einen Kilometer weit von der nächsten Wasserstelle seinen Nistplatz bauen. Der kleinste Kranich bevorzugt einen offenen Lebensraum, der ihm gute Weitsicht bietet. Man kann ihn in Sumpf- und Moorgebieten, in der Grassteppe bis hin zu Halbwüsten und Fels- und Schuttflächen, zum Teil sogar im Hochgebirge, antreffen. Seine Ernährung ist wenig spezialisiert. Der pflanzliche Teil seiner Nahrung besteht aus Pflanzensamen, Kräutern, Blättern, frischen Schösslingen und Beeren. Tierische Nahrung nimmt der Jungfernkranich vor allem während der Fortpflanzungsperiode zu sich. Sie besteht überwiegend aus Insekten, Würmern und Schnecken, aber auch aus Amphibien, Reptilien, Kleinsäugern, kleinen Vögeln und zufällig gefundenen Gelegen von anderen Bodenbrütern.

… aber auch gut zu Fuß

Als Bodenvögel legen die Jungfernkraniche kurze Distanzen immer zu Fuß zurück. Auch eine Flucht wird zuerst rennend begonnen, wobei die Vögel die Geschwindigkeit eines Menschen erreichen können. Bei anhaltender Verfolgung beschleunigen die Kraniche mit Flügelschlägen und weiten Sprüngen, bis sie schließlich ganz in die Luft aufsteigen. Allerdings ist Fliegen, vor allem das Aufsteigen, sehr energieaufwendig für die schweren Vögel. Jungfernkraniche können aber auch schwimmen. Diese Fähigkeit wird von den Altvögeln nur gelegentlich genutzt und niedere Gewässer werden watend durchquert, aber die noch flugunfähigen Jungvögel fliehen vor Fressfeinden auf das Wasser.

Eines der Winterquartiere von Jungfernkranichen liegt in Indien.

Tanz der Kraniche

Der früher fälschlicherweise als Balz interpretierte Tanz dient vermutlich der Bindung der regionalen Population.

Das ganze Jahr über treffen sich Kraniche an einem nicht zu hoch bewachsenen, trockenen Platz zum Tanz. Jungfernkraniche beider Geschlechter, geschlechtsreife Alttiere und auch fast ausgewachsene Jungtiere bilden zunächst einen Kreis. Kleine gemischte Gruppen tanzen dann abwechselnd innerhalb dieses Kreises. Dabei breiten sie die Flügel aus, springen und laufen im Kreis, verbeugen sich anmutig oder verharren kurz in niedergekauerter Stellung.

Standorttreue Zugvögel

Jungfernkraniche sind Zugvögel. Ab Ende Juli ziehen sie nach Nordost- und Ostafrika, in den Irak und nach Indien in ihre Winterquartiere und kommen im März an ihre Brutplätze in der eurasischen Steppe zurück. Die Vögel fliegen auf der Wanderschaft in Verbänden, die aus einigen hundert Tieren bestehen können. Mithilfe von Aufwinden gelangen sie in ihre Flughöhe und fliegen in V-Form oder Hufeisenform, um durch Ausnutzung der Luftverwirbelungen der Mitreisenden Energie zu sparen. Während des Fluges sind Kopf und Beine weit ausgestreckt. Kraniche sind standorttreu, das bedeutet, dass ein Jungfernkranichpaar im Frühjahr an denselben Nistplatz zurückkehrt. Doch zuerst versammeln sie sich an offenen, nur mit niedrigem Pflanzenwuchs bewachsenen Stellen zum bekannten Kranichtanz.

Gemeinschaftliche Aufzucht der Jungen

Jungfernkraniche verbringen das ganze Jahr über in geselligen Gruppen. Nur zur Brutzeit sondern sich die in Einehe lebenden Paare ab, bauen meist auf dem Nistplatz des Vorjahres, der sich an einem übersichtlichen, möglichst unzugänglichen und leicht erhöhten Ort befindet, ein Nest und besetzen ein Revier. Da Kraniche regelmäßig trinken müssen, ist der Nistplatz in der Nähe einer Wasserstelle, teilweise sogar im Flachwasser. Durch Nistmaterial wird vor allem an feuchten Standorten ein umfangreicher Nestunterbau aus Gras oder Ähnlichem geschaffen, um die Brut vor Nässe zu schützen. Das Weibchen legt zwei Eier, die die Partner abwechselnd 27 bis 31 Tage bebrüten. Bei Bedrohung flieht der Kranich vom Nest und kehrt erst zurück, wenn die Gefahr vorüber ist. Wird das Nest entdeckt, übernehmen beide Partner die Verteidigung. Durch die landwirtschaftliche Nutzung der Steppe müssen die Jungfernkraniche auch auf Weiden und Äckern brüten. Dort wird der Brutvorgang oft durch Weidevieh und Landmaschinen unterbrochen oder sogar das Gelege zerstört.

Die frisch geschlüpften Jungtiere verbleiben den ersten Tag im Nest. Danach begleiten sie die Eltern. Die Jungen sind aber schon wenige Stunden nach dem Schlüpfen bereit zu fliehen. Bis zum Alter von acht Wochen werden sie vor allem mit Insekten gefüttert. Nach sechs Wochen bildet sich ein mattgraues Federkleid, das die schwarze Kopf- und Halszeichnung der Elterntiere nur schwach andeutet. Nach spätestens neun Wochen werden die Jungkraniche flugfähig und selbstständig, bleiben aber noch bis zum nächsten Frühjahr bei den Eltern.

Mangels hoher Bäume müssen Steppenadler auch mit niedrigen Gebüschen als Nistplatz vorlieb nehmen.

Der Steppenadler: Lufthoheit im Grasland

Steppenadler (*Aquila nipalensis*) sind in der eurasischen Steppe die uneingeschränkten Herrscher der Lüfte. Mit ihren scharfen Augen halten sie unermüdlich Ausschau nach Beute und kennen als ausgewachsene Vögel selbst keine natürlichen Feinde. Als letztes Glied der Nahrungskette sind sie ein wichtiger Indikator dafür, wie intakt ihr Lebensraum noch ist.

Scharfäugiger Jäger

Die Jagd- und Brutgebiete des Steppenadlers liegen in den Steppen Eurasiens und erstrecken sich von Osteuropa bis nach Zentralchina. Ein weiteres Brutgebiet befindet sich südlich des Himalaya in Indien. Die Mitglieder der indischen Populationen sind Standvögel, d. h., sie bleiben auch im Winter in ihrem Brutgebiet. Während die nördlich des Himalaya lebenden Artgenossen ebenfalls in Indien überwintern, ziehen die russischen Adler die Savannen südlich der Sahara oder das südliche Afrika vor. Der Steppenadler hält entweder aus der Luft oder von einem Ansitz aus nach Beute Ausschau. Ist er auf Insekten aus, jagt der »König der Lüfte« auch zu Fuß. Bevorzugte Beutetiere sind Kleinsäuger, in der eurasischen Steppe also vor allem Ziesel. Ist Nahrung knapp, werden auch Reptilien und Aas nicht verschmäht. Im Winterquartier fressen Steppenadler hauptsächlich Insekten, vor allem Heuschrecken. Bei allen Jagdtechniken profitieren die Vögel von ihrem hervorragenden Sehvermögen, das bis zu achtmal stärker ist als das des Menschen. So können sie ein größeres Insekt noch in 100 m Entfernung ausmachen, ein Kaninchen sogar auf eine Distanz von 1000 m. Die Schärfe des Blickes geht jedoch auf Kosten der Übersicht. Greifvögel haben ein eingeschränktes Gesichtsfeld von maximal 50°. Um die Umgebung erfassen zu können, ist der Kopf daher fast ständig in Bewegung. Die Beute wird mit den kräftigen Fängen fest gepackt und mit den scharfen Krallen getötet, bevor sie mit dem Hakenschnabel zerkleinert und verschlungen wird. Insekten werden oft auch direkt aus der Luft gefangen, was besonders bei großen Heuschrecken- und Termitenschwärmen ein Leichtes ist. Da die Beutetiere relativ klein sind, müssen die großen Adler viel Zeit für die Jagd aufwenden. Allerdings sind die Beutetiere meist zahlreich vorhanden.

Steppenadler
Aquila nipalensis

Klasse Vögel
Ordnung Greifvögel
Familie Habichtartige
Verbreitung Osteuropa bis nach Zentralchina, südlich des Himalaya in Indien
Maße Länge: 80 cm; Spannweite: 200 cm
Gewicht bis zu 5 kg
Nahrung Kleinsäuger, Reptilien, Insekten
Zahl der Eier 1–3
Brutdauer 7 Wochen
Höchstalter bis zu 40 Jahre (in menschlicher Obhut)

Gern gesehener Gast bei Greifvogel-Shows

Steppenadler findet man oft bei Greifvogel-Flugvorführungen. Sie lassen sich gut abrichten und zeigen im Vergleich zu anderen Großadlern wenig aggressives Verhalten. Bei den Flugvorführungen steigen die Vögel hoch in die Luft, so dass sie kaum noch mit bloßem Auge zu erkennen sind. Auf ein fast unmerkliches Zeichen hin stoßen sie im spektakulären Sturzflug vom Himmel herab. In der Mongolei ist es seit langem üblich, Steppenadler zur Jagd abzurichten.

Zugvogel aus Nahrungsmangel

Steppenadler sind trotz einem Körpergewicht von bis zu 5 kg und einer Körpergröße von bis zu 80 cm perfekte Flieger. Dank einer Flügelspannweite von bis zu 2 m sind sie gute Gleiter, die ohne einen Flügelschlag, von Aufwinden getragen, weite Strecken zurücklegen können. Den Segelflug nutzen die Greifvögel auch, um die zum Teil riesigen Strecken ins Winterquartier kraftsparend zu überwinden. Die nach Afrika ziehenden Vögel steigen dabei bis in Höhen von 2000 bis 4000 m auf. Die Vögel fliehen im Übrigen aus Nahrungsmangel in den Süden. Da die Ziesel sich in der kalten Jahreszeit in ihre unterirdischen Baue zurückziehen, sind die Greifvögel gezwungen, wärmere Gefilde aufzusuchen, die ihnen ausreichend Nahrung bieten.

Niedrig gelegene Horste

Einen Adlerhorst erwartet man hoch oben auf einem Gebirgsgrat, einem Felsvorsprung oder in den Wipfeln mächtiger Bäume. Bei den Steppenadlern müssen wir jedoch den Blick nach unten richten, denn in ihrem Brutgebiet gibt es keine hohen Felsen und nur sehr selten Bäume. Jede Erhebung im Gelände wird deshalb genutzt: Auf Sträuchern, Mauern von Ruinen oder niedrigen Kuppen errichtet ein Paar nach der Rückkehr aus dem Winterquartier im Frühjahr seinen Horst, der einen Durchmesser von über einem Meter erreichen kann. Im April oder Mai legt das Weibchen 1 – 3 Eier. Es bebrütet die Eier allein und wird in dieser Zeit von seinem Partner mit Nahrung versorgt. Nach ca. sieben Wochen schlüpfen die Küken. Das jüngste und schwächste stirbt oft nach wenigen Tagen und wird an die älteren Geschwister verfüttert; herrscht Nahrungsmangel, überlebt meist nur eins der Jungtiere. Die Zahl von drei Eiern gewährleistet, dass mindestens ein gesunder Jungvogel das Nest verlässt. Beide Eltern beteiligen sich an der Versorgung des Nachwuchses. Sechs bis acht Wochen nach dem Schlüpfen sind die Küken flügge. Sie tragen jetzt ihr Jugendgefieder, das sich von dem dunkelbraunen Erwachsenenkleid durch ein gelbes Muster unterscheidet. Wahrscheinlich dient die Zeichnung dem Schutz vor Angriffen anderer Steppenadler, die sonst einen Konkurrenten vermuten würden.

Der majestätische Steppenadler wird bei den Mongolen auch als Jagdhelfer geschätzt.

DIE PRÄRIE

Letzte Heimat der Bisons

Die Steppe zwischen den Rocky Mountains und Missouri gehörte lange Zeit einer Vielzahl von Tierarten und einigen wenigen Indianerstämmen, deren Einwirken auf das ökologische Gefüge gering war. In dieser typischen Grassteppe lebte wohl die größte Ansammlung von Landsäugetieren auf der Erde: die riesigen Herden der Bisons. Diese wurden – neben den Gabelböcken – zu den Hauptleidtragenden der landwirtschaftlichen Erschließung der Prärie und besonders des Eisenbahnbaus, in dessen Rahmen die Tiere millionenfach abgeschossen wurden. Dank intensiver Schutzmaßnahmen und zusätzlicher Zucht ist der Bestand wieder etwas größer geworden.

Der größte Graslandgürtel der Erde

Die Prärien oder Great Plains, die östlich des Mississippi beginnen und deren Ausläufer bis Ohio und Indiana reichen, dehnen sich im Westen bis zu den Rocky Mountains aus. Ihre Wandlung von der Wildnis zum Siedlungsgebiet birgt ein tragisches Stück amerikanischer Geschichte – die Vertreibung der indianischen Ureinwohner. Inseln dieser einzigartigen Naturlandschaft sind heute nur noch in einigen Nationalparks erhalten. Der Rest wird von landwirtschaftlichen Großbetrieben bearbeitet.

Im Westen grenzt die Prärie an die Rocky Mountains.

Entstehung und Ausdehnung der Prärie

Nach Meinung vieler Wissenschaftler entstand die Prärie in Tausenden von Jahren nach der letzten Eiszeit. Noch vor 18000 Jahren war ein großer Teil Nordamerikas von Eis bedeckt. Nach dem Abschmelzen des Eises entwickelte sich zunächst eine tundraähnliche Vegetation, die später von Fichten- und dann von Laubwäldern abgelöst worden ist. Die meisten dieser Wälder sind vor ca. 8000 Jahren infolge einer Klimaerwärmung wieder verschwunden, und auf den Ebenen hat sich Gras ausgebreitet. Dass sich bis heute kein Wald in diesem Gebiet ausbreiten konnte, liegt nach Meinung amerikanischer Forscher einerseits am »Speiseplan« der Bisons und Gabelböcke, die die nachwachsende Vegetation einfach abweiden, und andererseits an den zahlreichen Steppenbränden, die die Prärie immer wieder heimsuchten.

Die Great Plains reichen von den Osthängen der Rocky Mountains bis etwa zum 95. Längengrad und gehen im Osten in Waldsteppe über. In Nord-Süd-Richtung erstrecken sie sich etwa 2700 km weit vom North Saskatchewan River in Kanada bis zur Colorado-Mündung in Texas. Die Gesamtfläche beträgt ca. 2,5 Millionen Quadratkilometer.

Unterschiedliche Formen

Dass die Rocky Mountains die westliche Grenze der Great Plains bilden, wirkt sich sowohl auf die Vegetationszonen als auch auf das Höhenprofil der sich östlich anschließenden Steppenzone aus: Sie beginnt am Fuß des Gebirges auf ca. 1600 m Höhe und fällt nach Osten flach bis auf etwa 200 m ab. Da das Gebirge eine Wind- und Regenbarriere bildet, ist der westliche Teil der Great Plains bis etwa zum 100. Längengrad mit durchschnittlich 300 bis 400 mm jährlichem Niederschlag relativ trocken. Auf den Braunerdeböden gedeihen vor allem niedriges Büffelgras (*Buchloe dactyloides*) und Blaues Gramagras (*Bouteloua gracilis*). Die Winter sind kalt, die Hochsommer heiß und trocken. Der Ostteil der Great Plains ist mit der doppelten Niederschlagsmenge und humusreichen Schwarzerdeböden gesegnet und weist eine üppigere Vegetation auf.

Zwischen der Kurzgrassteppe im Westen und der Langgrassteppe im Osten erstreckt sich die Mischgrassteppe, deren Grenzen je nach den jährlichen Niederschlagsmengen schwanken können. Die ursprüngliche Vegetation war den extremen klimatischen Verhältnissen der Great Plains besser angepasst als die heutigen Weizen- und Maismonokulturen: 65% der Präriepflanzen besitzen Wurzeln, die bis 3,5m tief in den Boden reichen. Das dichte Wurzelgeflecht band die dicke Humusschicht und beugte so der Erosion vor. Nagetiere arbeiteten abgestorbene Pflanzenreste in den Boden ein und sorgten so für den Erhalt seiner Fruchtbarkeit.

Heute sind die fruchtbaren Ebenen die Kornkammern des amerikanischen Kontinents.

Heimat der Pferdeahnen

Als die Spanier das Pferd nach Amerika brachten, war das amerikanische Urpferdchen (*Hyracotherium* oder *Eohippus*) bereits seit 50 Mio. Jahren ausgestorben. Mit seinen 50 cm Schulterhöhe, seinem gewölbten Rücken und der kurzen Schnauze ähnelte es eher einem Hund oder einem kleinen Hirsch. Die Nachkommen dieser Urpferde waren über die Landbrücke nach Asien eingewandert und hatten sich dort im Laufe von Jahrmillionen zu dem modernen Pferd entwickelt, wie wir es heute kennen. Die Pferde Nord- und Südamerikas hingegen starben vor etwa 8000 Jahren aus. Mit der Ankunft der Spanier in Amerika schloss sich der Kreis: Nach Millionen von Jahren kehrte das Pferd in seine ursprüngliche Heimat zurück.

Die Badlands in Süddakota

Die Badlands erhielten ihren Namen von den französischen Pionieren und Pelzhändlern, die dieses vegetationsarme Gebiet als »mauvaises terres à traverser« (»bad lands«, zu Deutsch »schlechtes Land«) bezeichneten. Die bizarren Felsformationen, die das Landschaftsbild prägen, entstanden im Laufe von Jahrmillionen durch die Auswaschung weicher Bodenschichten.

Trotz ihrer lebensfeindlichen Ausstrahlung ziehen die Badlands seit Jahrtausenden immer wieder Menschen an: zunächst Mammutjäger, später Indianerstämme. Der 1978 eingerichtete, etwa 1000 Quadratkilometer große Badlands-Nationalpark umfasst neben spektakulären Gesteinsformationen auch das größte zusammenhängend erhaltene Stück Mischgrassteppe der USA und beherbergt neben Bisons, Kojoten und Gabelböcken auch seltene Schwarzfußiltisse und Dickhornschafe.

Eine bestens angepasste Tierwelt

Vor der Eroberung durch die Weißen waren die Great Plains Heimat zahlreicher Tiere. Noch Mitte des 19. Jahrhunderts zogen Millionen von Bisons über die Prärie. Sie ernährten sich wie die Gabelböcke ausschließlich von Gräsern. Beide wurden infolge der Umwandlung der Prärie in Ackerland fast ausgerottet. Dieses Schicksal teilen sie mit vielen anderen Prärietieren. Präriehunde z. B., die einst in weit verzweigten unterirdischen Städten lebten und für eine gute Durchlüftung und Umwälzung des Bodens sorgten, sind stark bedroht, aber manchen Farmern noch heute ein Dorn im Auge.

In den Nationalparks wird inzwischen versucht, zumindest einen Teil des einst intakten Ökosystems »Prärie« vor der weiteren Zerstörung zu bewahren oder mühselig wiederaufzubauen. So konnte im Badlands-Nationalpark eine winzige Population von Schwarzfußiltissen erfolgreich angesiedelt werden. Zwischen 1987 und 1996 verdoppelte sich ihre Zahl immerhin von 18 auf 36 Exemplare. Ende der 1990er Jahre lebten auch wieder ca. 150 Dickhornschafe und 450 Bisons im Nationalpark. Insgesamt soll es in den USA heute ca. 250000 Steppenbisons geben.

Indianerstämme der Prärie

Es mutet wie eine Ironie der Geschichte an, dass zahlreiche indianische Völker, die am Rande der Prärie ursprünglich ein sesshaftes oder halbsesshaftes Leben führten, sich erst unter dem Einfluss der Weißen zu jenen Reiterkulturen entwickelten, mit denen wir sie heute gleichsetzen: Ausgerechnet die Spanier, die in Südamerika so grausam gewütet hatten, brachten ihnen – eher unfreiwillig – den Umgang mit Pferden und das Reiten bei. Verwilderte spanische Hauspferde bildeten den Grundstock für die indianische Pferdezucht und die riesigen Mustangherden, aus denen die Indianer sich bei Bedarf immer wieder Tiere herausfingen. Das Pferd brachte ihnen eine Mobilität, die sie seit der Ankunft der Europäer bedauerlicherweise nötig hatten. Insbesondere den östlich des Mississippi lebenden Stämmen blieb infolge der weißen Siedlungspolitik nichts anderes übrig, als in die Prärie auszuwandern.

Doch selbst dort waren die amerikanischen Ureinwohner nicht gern gesehen. Ihre oft seltsam, mitunter auch grausam erscheinenden Bräuche und Rituale und ihre Weigerung, das von ihnen genutzte Land an die Einwanderer abzutreten, machten die Indianer bald zu Erzfeinden der »zivilisierten« Amerikaner. Manchen der Einwanderer schien jedes Mittel recht zu sein, die Lebensgrundlage der Alteingesessenen zu zerstören. So soll beispielsweise ein amerikanischer General gefordert haben, die Büffelherden einfach abzuschießen, um die Indianer – die von der Büffeljagd lebten – auszuhungern. Bis zum Ende des 19. Jahrhunderts kam es zu unzähligen Kriegen. Mit dem Massaker am Wounded Knee 1890 wurde der indianische Widerstand gegen die Neuankömmlinge aus Europa endgültig gebrochen.

Von der Natursteppe zur Agrarsteppe

Als die Einwanderer erkannt hatten, wie fruchtbar der Prärieboden war, begannen sie, die Steppe als Ackerland zu nutzen. Innerhalb weniger Jahrzehnte waren die Indianer vertrieben und die Büffel nahezu ausgerottet. Das Land wurde an Siedler verteilt, die darauf Getreide anbauten. Doch bereits in den 1930er Jahren kündigten sich die Vorboten einer ökologischen Katastrophe an: Zwischen 1931 und 1936 fegten verheerende Staubstürme über Kansas, Oklahoma und Texas hinweg und zerstörten Millionen Hektar Ackerland, da der Boden durch die Beseitigung der natürlichen Vegetation Wettereinflüssen schutzlos ausgesetzt war. Durch verbessertes (heute z. T. genmanipuliertes) Saatgut, zunehmende Industrialisierung, intensive Bewässerung und den großflächigen Einsatz von Düngemitteln und Pestiziden gelang es Farmern und Großbetrieben, die Great Plains in eine der größten Kornkammern der Erde zu verwandeln.

Die Badlands liegen in einer Region, die zur Zone der Mischgrassteppe gehört.

Der Bison: Symboltier der Prärie

Kein Tier verkörpert den Reichtum und die Ausbeutung der Prärie so sehr wie der Bison (*Bison bison*). Es ist kaum vorstellbar, dass einst 60 Millionen Bisons die Prärie bevölkerten. Es muss ein gigantischer Anblick gewesen sein, wenn sich im Sommer Herden von über 1000 Tieren in der Grassteppe versammelten. In amerikanischen Nationalparks und Zuchtfarmen leben heute schätzungsweise wieder zwischen 250000 und 350000 Bisons.

Nur klein sind die Bisonherden, die heute noch durch die Prärien Nordamerikas ziehen.

Das größte Wildrind

Der Bison ist das größte Säugetier Nordamerikas. Bullen messen am Widerrist bis zu 2 m, erreichen eine Körperlänge von 3,5 m und können über 1 000 kg schwer werden. Weibliche Tiere sind kleiner und leichter, doch ihre Gestalt ist nicht weniger beeindruckend. Der mächtige Bisonschädel, überragt von dem ausgeprägten Widerrist, wird von zwei kurzen Hörnern mit einer dicken Haarkappe dazwischen »gekrönt«. Das Fell ist teilweise bis zu 50 cm lang, der kurz behaarte Hinterkörper wirkt dagegen verhältnismäßig schmächtig. Bisons sind in der Regel braun, es gibt aber auch graue, gefleckte und weiße Exemplare.

Bison und Wisent (*Bison bonasus*) sind infolge der stammesgeschichtlichen Entwicklung und Verbreitung der Wildrinder so nahe miteinander verwandt, dass sie sich untereinander kreuzen lassen. Ihre Vorfahren sind vor etwa 140 000 Jahren von Eurasien über die einstige Landbrücke zwischen dem asiatischen und amerikanischen Kontinent nach Amerika eingewandert. Die Ergebnisse einer Erbgutanalyse von Bisonknochen legen nahe, dass ein abrupter Klimawandel vor etwa 37 000 Jahren einen großen Teil der damaligen Population ausgelöscht hat, wo-durch die Ausbreitung und genetische Fortentwicklung der Bisons zum Stillstand gekommen ist. Von der einst wesentlich formenreicheren Gattung sind das europäische Wisent und der amerikanische Bison die einzigen überlebenden Arten. In Amerika entwickelten sich zwei Unterarten: der Präriebison (*Bison bison bison*) und der größere und dunklere Waldbison (*Bison bison athabascae*). Reinblütige Waldbisons gibt es nur noch in einem entlegenen Teil des Wood Buffalo National Park in Kanada. Bisons haben gute Augen, ein gutes Gehör und einen scharfen Geruchssinn. Gefahr wittern sie über eine Entfernung von bis zu zwei Kilometern. Ihr Fell pflegen sie mit Sorgfalt. Sie scheuern sich gerne an Baumstämmen und lieben Sand- und Staubbäder.

Ständig in Bewegung

In Herden durchstreiften die Bisons die Steppe auf der Suche nach Nahrung. Sie verzehrten täglich große Mengen an Gräsern und Kräutern. Bisons grasen vorwiegend in der Morgen- und Abenddämmerung und verbringen die Mittagszeit gerne mit Wiederkäuen. Sie erreichen trotz ihrer plumpen Gestalt Spitzengeschwindigkeiten von 50 km/h.

Im Herbst zogen früher viele Herden auf der Suche nach besseren Weidegründen bis zu 650 km nach Süden und kehrten im darauf folgenden Frühjahr wieder in ihre nördlich gelegenen Sommerweidegebiete zurück.

Schlechte Witterungsverhältnisse überstehen Bisons problemlos. Es bereitet ihnen keine Schwierigkeiten, mit ihrem breiten Schädel Flechten, Moose und dürres Gras unter einer dicken Schneedecke freizulegen. Normalerweise suchen sie einmal pro Tag eine Wasserstelle auf, zur Not fressen sie auch Schnee. Die meiste Zeit des Jahres verbrachten Bullen und Kühe getrennt voneinander. Auf ihren Frühjahrs- und Herbstwanderungen vereinigten sich diese Gruppen zu größeren Verbänden, und während der Brunftzeit von Mai bis September formierten sich Großherden, die oft mehr als 1 000 Tiere umfassten. Das Gebrüll der kampfbereiten Bullen war kilometerweit zu hören. Nicht selten endeten die Auseinandersetzungen tödlich. Die ständigen Kämpfe ließen den Tieren kaum Zeit zum Fressen, so dass sie während der Brunftzeit stark an Gewicht verloren. Nach der Paarungszeit teilte sich die Herde wieder.

Selbst Schneestürme machen Bisons dank ihres langen, dichten Winterfells wenig aus.

Bison *Bison bison*
Klasse Säugetiere
Ordnung Paarhufer
Familie Hornträger
Verbreitung Nordamerika
Maße Kopf-Rumpf-Länge: bis 3,5 m
Gewicht über 1000 kg
Nahrung Gräser, Kräuter, Moose, Flechten
Geschlechtsreife mit 3 Jahren
Tragzeit 270–300 Tage
Zahl der Jungen 1
Höchstalter etwa 20 Jahre

Die Seele der Prärie

Ihr nomadisches Leben machte die Bisons zu einem wichtigen Faktor für das Ökosystem Prärie. Beim Weiden blieben in ihrem zottigen Fell Samen hängen, die sie bei ihren ausgedehnten Streifzügen an anderer Stelle wieder verloren. Auf diese Weise trugen sie zur Aufrechterhaltung der Pflanzenvielfalt in der Steppe bei.

Inzwischen scheint es erwiesen, dass Bisons keinen angeborenen Wandertrieb haben. So machen sie keinerlei Anstalten, aus Zuchtfarmen auszubrechen oder Reservate zu verlassen, wenn ihnen ausreichend Nahrung zur Verfügung steht.

Innerhalb ihrer Gruppe halten die Tiere eng zusammen. Wölfen gelingt es beispielsweise nur selten, einzelne Bisons zu isolieren, und selbst dann ist der Ausgang des sich anschließenden Kampfes oft ungewiss. Zur Geburt ihrer Kälber zwischen März und Juli sondern sich die Kühe manchmal ab, viele bringen ihre Jungen aber inmitten der Herde zur Welt. Die Tragzeit beträgt 270 bis 300 Tage. Einzelgeburten sind die Regel, Zwillingsgeburten äußerst selten. Ein neugeborenes Kalb kann innerhalb von 30 Minuten stehen und der Herde nach wenigen Stunden folgen. Jungtiere werden etwa neun Monate lang gesäugt und erreichen die Geschlechtsreife mit etwa drei Jahren. Droht dem Kalb Gefahr, geht die Mutter sofort zum Angriff über.

Bisons tragen zur Verbreitung von Pflanzen bei, deren Samen im Fell der Tiere hängen bleiben und so an neue Standorte gelangen.

Lebensgrundlage der Prärieindianer

Manche Indianerstämme lebten zwischen Mitte des 18. und Mitte des 19. Jahrhunderts fast ausschließlich von der Bisonjagd. Anders als die Weißen, die die Tiere zum Vergnügen schossen, verwerteten sie Bisons nahezu vollständig: Das Fleisch wurde frisch verwendet oder als Wintervorrat getrocknet, aus dem Fell und den Häuten fertigten sie Kleidungsstücke und Zelte, aus Knochen Werkzeuge und Spielzeug. Die Bedeutung des Bisons für die indianische Lebensweise spiegelt sich auch in deren Mythen wider. Laut Überlieferung hatte eine »Weiße Büffelkuhfrau« den Indianern die heilige Pfeife gebracht und sie darin unterwiesen, mit ihr zum Großen Geist zu beten. Über ihr Verschwinden berichtete der Oglalla-Sioux Black Elk (1863 – 1952) dem amerikanischen Ethnologen Epes Brown: »Nachdem sie im Sinne der Sonnenbahn das Zelt umschritten hatte, ging die heilige Frau, aber bald schaute sie zu den Menschen zurück und setzte sich nieder. Als sie sich erhob, sahen die Leute zu ihrem Erstaunen, dass sie ein rotbraunes Büffelkalb geworden war. Dieses Kalb ging ein Stück weit, legte sich nieder und wälzte sich. Es schaute zu den Leuten zurück und als es aufstand, war es ein weißer Büffel. Auch dieser ging weiter fort, wälzte sich auf der Erde und wurde nun ein schwarzer Büffel. Er entfernte sich noch mehr von den Menschen, hielt an, und nachdem er sich in allen vier Richtungen des Weltalls verneigt hatte, verschwand er über dem Hügel« – um am Ende der Welt in Gestalt der Weißen Büffelkuhfrau wiederzukehren und der Erde Frieden zu bringen.

Rücksichtslose Dezimierung

Gegen 1830 begannen die Weißen, zahllose Bisons systematisch abzuschießen.

Bisons in Deutschland

Rinderwahnsinn (BSE) und Hormonskandale ließen die Nachfrage nach Bisonfleisch ansteigen. In Deutschland werden zurzeit etwa 700 Bisons gehalten.
Dank ihrer Robustheit kommen Bisons mit den hiesigen Witterungsverhältnissen sehr gut zurecht. Sie können im Freien gehalten werden und benötigen nur im Winter extra Futter.
Für eine gewerbliche Bisonhaltung muss laut Tierschutzgesetz beim Veterinäramt die Erlaubnis eingeholt werden. Bisons unterliegen der Untersuchungspflicht auf BSE.

Sie lieferten Frischfleisch für Eisenbahnarbeiter. Bald schossen Reisende aus den Zügen die Tiere zu Tausenden ab. Buffalo Bill erlangte mit einer Abschussquote von angeblich 4280 Bisons innerhalb von 18 Monaten zweifelhaften Ruhm. Bald gab es entlang der Bahnlinie überhaupt keine Bisons mehr. Die Herden waren in eine nördliche und eine südliche Population geteilt. Die Bestände im Süden wurden zwischen 1871 und 1875 ausgerottet, die nördlichen zwischen 1880 und 1884. 1889 waren von den 60 Mio. Bisons, die einst die Prärie bevölkert hatten, noch ca. 800 Tiere übrig.

Dass es gelang, diese winzige Population zu retten, ist vor allem dem großen Engagement von William T. Hornaday zu verdanken, der mit einigen Mitstreitern 1905 die Amerikanische Bisongesellschaft gründete und sich für die Schaffung von Schutzgebieten einsetzte. 1907 wurde in Oklahoma das erste Bisonreservat eingerichtet, 1922 entstand in Kanada der Wood Buffalo National Park für Waldbisons. Heute leben schätzungsweise wieder zwischen 250 000 und 350 000 Bisons in Nordamerika.

Die gehaltvolle Büffelmilch, die etwa doppelt so viel Fett enthält wie Kuhmilch, lässt den Nachwuchs schnell an Gewicht zulegen.

Den gegabelten Hornscheiden der Männchen verdanken die Gabelböcke ihren Namen.

Die weiblichen Tiere der Gabelböcke sind meist hornlos.

Schnellste Landsäuger Amerikas: Gabelböcke

Er wirkt wie eine Mischung aus Gemse und Antilope, ist sehr neugierig und erreicht eine Spitzengeschwindigkeit von bis zu 80 km/h, so dass er Wölfen, Kojoten und anderen Feinden mühelos entflieht: Der Gabelbock (*Antilocapra americana*), das schnellste Säugetier Amerikas, war einst so zahlreich vertreten wie die Bisons. Wie diese wurden Millionen Gabelböcke im 19. Jahrhundert sinnlos abgeschossen – unter anderem, weil sie mit Nutztieren um das Futter zu konkurrieren schienen, was Studien zufolge allerdings nur bedingt zutraf. In der Vergangenheit waren sie für Jäger aufgrund ihrer Neugier eine leichte Beute. Dank entsprechender Schutzmaßnahmen gelang es jedoch, das Überleben der letzten Vertreter dieser Tierart zu sichern.

Gabelbock
Antilocapra americana

Klasse Säugetiere
Ordnung Paarhufer
Familie Gabelhornträger
Verbreitung westliches Nordamerika zwischen Kanada und Mexiko
Maße Kopf-Rumpf-Länge: bis zu 150 cm
Gewicht 38–41 kg
Nahrung Gräser, Kräuter, Blätter, Kakteen, Blüten, Früchte
Geschlechtsreife mit 1 Jahr
Tragzeit 7–8 Monate
Zahl der Jungen 1–2
Höchstalter 7–10 Jahre

Die einzige Art

Gabelböcke sind nicht mit Antilopen verwandt, auch wenn sie umgangssprachlich häufig als »Gabelantilopen« bezeichnet werden. Sie gehören nicht einmal zur Familie der echten Hornträger (*Bovidae*), sondern haben sich aller Wahrscheinlichkeit nach vollkommen unabhängig von diesen ausschließlich in Nordamerika entwickelt und ausgebreitet. Ihre Herkunft gab den Forschern lange Zeit Rätsel auf. Noch Anfang des 20. Jahrhunderts vermutete man aufgrund ihres geweihähnlichen Gehörns und ihrer Backenzähne, sie seien mit den Hirschen verwandt. Bald jedoch wurde erkannt, dass sich Hirschgeweihe und Gabelbockhörner unterschiedlich entwickeln. Die Familie der Gabelhornträger (*Antilocapridae*) war im Tertiär Nordamerikas mit vielen Arten vertreten.

Sprinter der Prärie

Einst durchstreiften Gabelböcke in größeren oder kleineren Herden die baumlosen Steppengebiete von Kanada bis Mexiko und vom Missouri bis zu den Rocky Mountains. Sie ernähren sich ausschließlich vegetarisch, vor allem von Gräsern, Kräutern und Blättern, im Süden auch von Kakteen, und haben eine besondere Vorliebe für Blüten und Früchte. An die schwankenden Niederschlagsmengen der Prärie sind die Gabelböcke hervorragend angepasst. Um »Durststrecken« zu überwinden, speichern sie Wasser im Körper und setzen es bei Bedarf frei. Mit ihrem hellrot-braunen Rückenfell lassen sie sich in der trockenen Prärie kaum ausmachen. Als Sprinter unter den Fluchttieren verfügen sie über ausgezeichnete Augen und ein sehr großes Herz.

Gabelböcke sind die einzigen Tiere, die die Hornscheiden ihrer Hörner jährlich wechseln: Im Unterschied zu Rehen und Hirschen, die ihr Geweih bis auf die »Rosenstöcke« abwerfen und anschließend neu bilden, entwickeln sich bei Gabelböcken die neuen Hornscheiden bereits, ehe sie die alten zwischen Mitte Oktober und Ende November abstoßen. Die neuen Hörner sind zunächst von einer pelzartigen Schutzschicht überzogen und relativ weich. Bis zu ihrer vollständigen Aushärtung vergehen drei bis vier Monate. Die Hornscheiden der Männchen sind – daher der Name dieser Tierart – gegabelt und bis zu 30 cm lang. Weibchen haben, wenn überhaupt, kleinere Hörner.

Große Handicaps

Gabelböcke sind außerordentlich abhängig von ihren gewohnten Futterpflanzen. In überweideten Gebieten sind sie kaum in der Lage, sich zu ernähren. Doch zunehmende Zerschneidungen der Landschaft – etwa durch die petrochemische Industrie – bedrängt die Tiere auf ihren teils 250 km langen Wanderungen zwischen Sommerweide und Winterquartier. Denn trotz ihrer Sprungkraft weigern sich Gabelböcke beharrlich, über Hindernisse von nur einem Meter Höhe hinwegzuspringen.
Geraten sie in ein umfriedetes Territorium, das sie nicht durchkriechen können, laufen sie Gefahr zu verhungern – selbst wenn außerhalb eine fette Weide lockt.

Kommunikation per Duft und Spiegel

Bei Gefahr verständigen sich Gabelböcke mit Hilfe eines einzigartigen Kommunikationssystems: Sie spreizen die etwa 7 – 10 cm langen weißen Haare seitlich der Schwanzwurzel, so dass zwei rosettenförmige Spiegel entstehen, die das Licht reflektieren und kilometerweit zu sehen sind. Artgenossen, die sich in der Nähe aufhalten, geben dieses Alarmzeichen sofort weiter. Innerhalb kürzester Zeit weiß die gesamte Herde, dass irgendwo ein Feind lauert. Zur Verstärkung dieses Signals sondern die Duftdrüsen an der Schwanzwurzel der Tiere einen durchdringenden Geruch ab. Weitere Duftdrüsen befinden sich unterhalb der Ohren, über dem Kreuzbeinende, an der Außenseite der Fersen und zwischen den Zehen. Auch sie dienen den Gabelböcken zur Verständigung.

Harems und Herden

Wenn im Herbst die Paarungszeit beginnt, schart jedes kräftige Gabelbockmännchen mehrere Weibchen um sich, um seine Nachkommenschaft zu sichern. Diesen »Harem« gilt es gegen Rivalen zu verteidigen, die auf eine günstige Gelegenheit zum »Brautraub« warten.
7 – 8 Monate nach der Paarung bringen die Weibchen im Mai/Juni meist Zwillinge zur Welt, die sie getrennt voneinander ablegen und mehrmals am Tag kurz zum Säugen aufsuchen. Die Jungtiere werden bei Gefahr von der Mutter heftig verteidigt. Nach etwa einer Woche beginnen sie zu laufen und erste Pflanzennahrung zu sich zu nehmen. Im Alter von zwei Wochen können die Jungtiere der Herde folgen, nach einem Monat grasen sie bereits regelmäßig. Dennoch werden sie vier Monate lang gesäugt. Etwa 4 – 6 Wochen nach der Niederkunft vereinigen sich die Weibchen mit ihrem Nachwuchs zu kleinen Herden, die bis zum Winter zusammenbleiben. Mit etwa einem Jahr erreichen Gabelböcke die Geschlechtsreife.

Tief duckt sich der junge Gabelbock in das niedrige Gras. Vor dem Felsen ist sein Körper kaum auszumachen.

Wenn der Nachwuchs den schützenden Bau verlässt, ist die Mutter besonders wachsam. Fressfeinde sind u. a. Klapperschlangen, Prärieeulen, Schwarzfuß-iltisse, Füchse, Kojoten, Rotluchse, verschiedene Raubvögel und der Amerikanische Dachs.

Nager mit Familiensinn: der Schwarzschwanz-Präriehund

Präriehunde sind Verwandte des Ziesels und des Murmeltiers, die ihren Namen ihrer kläffenden Stimme verdanken. Der Schwarzschwanz-Präriehund (*Cynomys ludovicianus*) ist auch an seiner schwarzen Schwanzspitze zu erkennen. Die ansonsten goldbraun bis rötlich braun gefärbten, bis 35 cm großen Tiere verfügen über muskulöse Beine und scharfe Krallen, die ihnen beim Graben ihrer ausgedehnten Baue wertvolle Dienste leisten. Die geselligen Tiere pflegen lebhafte soziale Kontakte. Gemeinsam arbeiten sie an den Behausungen, legen Nahrungsvorräte für den Winter an, spielen oder putzen sich gegenseitig das Fell.

Die Gestaltung des kegelförmigen Bauausgangs spielt für das Innenklima eine wichtige Rolle.

Gemeinschaftsleben in Städten

Präriehunde leben zu Tausenden in riesigen unterirdischen »Dörfern« oder »Städten« mit weit verzweigten Behausungen. Innerhalb einer Stadt bewohnt jede Präriehundfamilie, bestehend aus einem Männchen, ein bis vier Weibchen und den Jungtieren, einen eigenen Bau. Verlassen die Jungen das Nest, bleiben die Weibchen oft in der Nachbarschaft, während männliche Tiere sich weiter weg ein neues »Eigenheim« graben oder eine verlassene »Wohnung« beziehen. So harmonisch die Familien normalerweise zusammenleben, so aggressiv gebärden sich trächtige Weibchen und frisch gebackene Mütter. Nach der Paarung beginnt unter werdenden Müttern ein Kampf um die besten Erdhöhlen. 34 – 37 Tage nach der Paarung bringt jedes Weibchen vier bis sechs Junge zur Welt, die nackt, blind und taub geboren werden. Viele Junge werden Opfer fremder Muttertiere, die Konkurrentinnen von der Aufzucht abhalten, um die Überlebenschancen der eigenen Nachkommen zu verbessern. Nach der Entwöhnung kehrt wieder Frieden ein.

Wachsamkeit ist oberstes Gebot

Schwarzschwanz-Präriehunde stellen für viele Fleischfresser eine wichtige Nahrungsquelle dar. Um sich vor ihnen zu schützen, bewachen Präriehunde die Eingänge ihrer Behausungen rund um die Uhr. Auf den Hinterpfoten sitzend beobachten Wachposten mit herabhängenden Vorderpfoten die Umgebung und brechen bei Gefahr in gellendes Gekläff aus – was alle Artgenossen nach Hause stürmen lässt.

Überlebenskünstler

Gefahr droht den Tieren auch vom Menschen, der ihren Bestand auf weniger als ein Prozent dezimiert hat. Rinderfarmer jagen die Nager, da sie Kulturpflanzen fressen und Löcher in den Boden graben, die für Rinder zu Fallen werden können. Erst in jüngster Zeit erkennen die Farmer einen Vorteil darin, dass sie die Prärie von Buschwerk und Gestrüpp freihalten und den Boden umgraben und düngen.

Schwarzschwanz-Präriehund
Cynomys ludovicianus

Klasse Säugetiere
Ordnung Nagetiere
Familie Hörnchen
Verbreitung Nordamerika
Maße Kopf-Rumpf-Länge: 28–35 cm
Gewicht 900–1400 g
Nahrung vorwiegend Gräser
Geschlechtsreife im 3. Jahr
Tragzeit 34–37 Tage
Zahl der Jungen 4–6
Höchstalter über 8 Jahre (in menschlicher Obhut)

Präriehase *Lepus townsendii*
Klasse Säugetiere **Ordnung** Hasentiere **Familie** Hasen **Verbreitung** Kanada und Nordamerika **Maße** Kopf-Rumpf-Länge: 56–66 cm **Gewicht** 3–6 kg **Nahrung** u. a. Gräser, Kräuter, Klee, Knospen, Zweige, Wurzeln und Baumrinde **Geschlechtsreife** nicht bekannt **Tragzeit** etwa 6 Wochen **Zahl der Jungen** 4–5 **Höchstalter** nicht bekannt

Präriehasen: Jagdwild der Great Plains

Der Präriehase (*Lepus townsendii*) ist ein wahrer Überlebenskünstler. Sein Verbreitungsgebiet reicht von Kanada bis Zentralkalifornien und von den Rocky Mountains bis zu den Großen Seen.

Läufer und Springer

Heißen Sommern trotzen Präriehasen indem sie über die erweiterten Blutgefäße der Ohren überschüssige Wärme abgeben. Ihre Körpertemperatur kann in heißen Regionen in Einzelfällen aber durchaus auf 40 °C ansteigen. In regenarmen Gebieten minimieren sie den Verlust an Körperwasser durch extrem trockene Exkremente.

Präriehasen sind für Beutegreifer wie Füchse, Kojoten, Schlangen und Greifvögel willkommene Opfer. Da sie sich gegen ihre Feinde bestenfalls mit den scharfen Krallen ihrer Hinterläufe verteidigen können, suchen sie ihr Heil in der Flucht – oder vertrauen auf ihre Tarnung, indem sie regungslos zwischen Buschwerk, Gras oder in den Sassen (flache Mulden) verharren, in denen sie normalerweise den Tag über ausruhen. Ihre Sprinterqualitäten offenbaren sie nur in höchster Gefahr, wobei sie Spitzengeschwindigkeiten von bis zu 55 km/h erreichen. Auf der Flucht vollführen sie Sprünge von bis zu 5 m Höhe, schlagen Haken und stürzen

Zur Tarnung verharrt der Präriehase regungslos im Gras. Selbst in Ruhephasen ist er stets auf der Hut.

sich auch ohne zu zögern in den nächsten Fluss, um mit kräftigen Zügen ans rettende andere Ufer zu schwimmen. Selbst in Ruhephasen sind Präriehasen stets auf der Hut und versuchen mithilfe ihrer riesigen Ohren, Gefahrenquellen frühzeitig zu orten. Ihre großen, seitlich am Kopf platzierten Augen ermöglichen einen nahezu vollständigen Rundblick. Dennoch wagen Präriehasen sich erst im Schutz der Dunkelheit aus ihrem Versteck um Segge, Kräuter, Klee und Getreide zu fressen. Wenn im Winter die Nahrung knapp wird und Wurzeln, trockene Gräser, Zweige und Baumrinde nicht mehr ausreichen, um den großen Hunger dieser Tiere, die schlechte Futterverwerter sind, zu stillen, machen sie sich unter Umständen auch über Salat, Kohl oder Heuballen her.
Zwischen Oktober und November wechseln Präriehasen ihr Haarkleid: Sie verlieren ihr Deckhaar und legen sich einen helleren, in

nördlichen Regionen sogar schneeweißen Winterpelz zu, den sie im April/Mai wieder gegen ihr Sommerfell tauschen.

Stürmische Brautwerbung

Präriehasen sind Einzelgänger und finden sich nur während der Paarungszeit zwischen Februar und Juli zu kleinen Gruppen zusammen. Die Rammler tragen heftige Rivalenkämpfe aus und stellen der Häsin ihrer Wahl oft zu viert oder fünft auf recht ungestüme Weise nach, bis diese nach einer etwa zwanzigminütigen Verfolgungsjagd kapituliert und sich vom stärksten Männchen begatten lässt. Nach etwa 42 Tagen Tragzeit bringt die Häsin durchschnittlich vier bis fünf Junge zur Welt. Die Jungen kommen vollständig behaart und mit offenen Augen zur Welt und sind schon bald in der Lage zu laufen. Im Alter von zwei Wochen beginnen sie selbstständig zu fressen und nach einem Monat sind sie vollständig entwöhnt. Mit sieben bis acht Monaten erreichen Präriehasen die Geschlechtsreife.

Beliebtes Jagdwild

Der Mensch stellt die Hauptbedrohung für die Tiere dar. Für die frühen Siedler Nordamerikas waren die Tiere eine wichtige Nahrungsquelle und noch heute sind sie ein beliebtes Jagdwild. Farmer allerdings schießen die »Langohren« häufig nicht nur des Fleisches wegen, sondern auch, weil sie um ihr Getreide und ihre Heuvorräte fürchten.

1

Im Herbst wechseln die Präriehasen ihr Haarkleid und legen sich einen helleren Winterpelz zu.

2

Verbreitung von Präriehase und Eselhase

Kalifornischer Eselhase (Lepus californicus)

Präriehase (Lepus townsendii)

Hasenkonkurrenz

Der Präriehase ist nicht der einzige Vertreter seiner Familie in Nordamerika. In manchen Gebieten kommt er sich mit dem Kalifornischen Eselhasen (*Lepus californicus*) ins Gehege, der die trockenen Gebiete zwischen Mexiko und Kanada bewohnt und teilweise dieselben Nahrungsquellen nutzt. Im Sommer bevorzugen Eselhasen junges Gras und saftige Kräuter, geben sich in Trockenzeiten aber auch mit Opuntien zufrieden. Noch weiter im Süden ist der Antilopenhase (*Lepus alleni*) zu Hause, der seinen Namen seinen weiten und hohen Sprüngen verdankt. Er hat von allen Hasen die längsten Ohren und kann bis zu 7 kg schwer werden. Kanada und Alaska sind die Heimat des Schneeschuhhasen (*Lepus americanus*), dessen Name sich auf seine großen, stark behaarten Hinterfüße bezieht.

Das Große Präriehuhn: gut getarnter Bodenbrüter

Bekannt geworden ist das Präriehuhn (*Tympanuchus cupido*) vor allem wegen des imposanten Balzverhaltens seiner männlichen Vertreter. Ihr starker Geltungsdrang bringt sie dazu, bei den Kämpfen um die Gunst der Hennen eine optisch wie akkustisch beeindruckende Partnerwerbung zu veranstalten. Mit Rufen, Tänzen und aufgeregtem Flügelschlagen werden die Weibchen angelockt, womit das Balzgeschehen seinen Höhepunkt erreicht. Die Möglichkeit, diesen imposanten Habitus zu beobachten, ist allerdings aufgrund der starken Populationsverringerung des Präriehuhns selten geworden.

Oft fallen Präriehühner Beutegreifern wie dem Dachs zum Opfer. Weitere Fressfeinde sind Kojoten, Hunde, Füchse, Schlangen und Raben.

Beschränktes Lebensareal

Zu den natürlichen Feinden der Präriehühner gehören zahlreiche Beutegreifer. Aufgrund der bescheidenen Flugfähigkeiten sind sie auf eine gute Tarnung und unterschiedliche Vegetationsformen angewiesen, die ihnen sowohl Schutz als auch Nahrung bieten. So wählen Hennen zur Eiablage und zum Nisten geschützte Plätze, während Hähne ihre Balzrituale auf gut einsehbaren Grasflächen durchführen. Präriehühner verbringen ihr ganzes Leben auf einem relativ beschränkten Areal, das bis zu 230 ha (Hennen) und etwa 500 ha (Hähne) umfassen kann.

Auf den ersten Blick unscheinbar

Präriehühner lassen sich mit ihrem oben braun und hellbraun gestreiften sowie unten weiß und schwarz quergebänderten Gefieder oftmals schwer von ihrer Umgebung unterscheiden. Der kurze, quadratisch wirkende Schwanz ist bei den Männchen dunkler gestreift. Hähne besitzen überdies im Nacken zwei gelbrote, aufblasbare Luftsäcke sowie zwei Federohrbüschel, die sich aufrichten lassen. Präriehühner sind etwa 45 cm groß, haben kräftige Beine und wiegen ca. 900 Gramm. Sie ernähren sich von Blättern, Samen, Knospen und Insekten.

Zwischen den Nahrungsaufnahmen am Morgen und am Nachmittag ruhen sich die Präriehühner aus: an kühlen Tagen in der Sonne, an heißen im Schatten. Auch die Nacht verbringen sie auf dem Boden. Aufgrund ihrer »bodennahen« Lebensweise stellen sie für viele Raubtiere eine leichte Beute dar.

Extravagante Brautwerbung

Gegen Ende des Winters beginnt die Paarungszeit. Nun gilt es, in der Rangordnung möglichst weit nach oben zu gelangen. Paarungswillige Hähne kehren immer wieder zu angestammten Balzplätzen zurück, wo sie in den frühen Morgenstunden ihr lautstarkes Balzritual beginnen: Mit aufgeblasenen Luftsäcken und orangerot leuchtenden »Rosen« über den Augen, aufgestellten Federohrbüscheln, hochgeklapptem Schwanz und gespreizten Flügeln drehen die Hähne sich im Kreis und trampeln um ihre Konkurrenten herum. Am Ende der Balzsaison, Ende März bis Anfang April, finden sich auch die Hennen auf dem Balzplatz ein und lösen damit umso heftigeres Imponiergehabe bei den Hähnen aus.

Nach der Paarung legt die Henne 12–14 Eier, die sie etwa drei Wochen lang bebrütet. Die Jungen schlüpfen Ende Mai/Anfang Juni, je nach Witterungsbedingungen, und bleiben acht bis zehn Wochen bei der Mutter. Als Nestflüchter sind sie schon am ersten Lebenstag in der Lage zu laufen.

Zunehmend gefährdet

Durch die landwirtschaftliche Erschließung der Prärie wurde der Lebensraum der Tiere in manchen Gebieten stark eingeschränkt. Manche Naturschützer befürchten bereits das Aussterben des Präriehuhns, insbesondere der Unterart *Tympanuchus cupido attwateri*, die nur noch in wenigen Gebieten von Texas zu finden ist.

Präriehuhn
Tympanuchus cupido

Klasse Vögel
Ordnung Hühnervögel
Familie Fasanenartige
Verbreitung zentrales Nordamerika
Maße Länge: 45 cm
Gewicht ca. 900 g
Nahrung Blätter, Samen, Knospen, Insekten
Zahl der Eier 12–14
Brutdauer 3 Wochen
Höchstalter bis 8 Jahre

GRASLÄNDER

IN SÜDAMERIKA

Der Kontinent der Kontraste

Steppen und Savannen nehmen den größten Teil Südamerikas ein. Sie umschließen teilweise den am Äquator liegenden Regenwald. Vor hunderttausenden von Jahren weideten hier Riesenformen von heute lebenden Säugetierarten wie Gürteltier oder Faultier. Außer den von Menschen eingeführten Viehherden findet man jetzt kaum noch große Tiere. Dennoch bieten die weiten Ebenen einer Vielzahl von Tierarten einen Lebensraum.

Vielfältige Savannen

In Südamerika findet man die unterschiedlichsten Formen von Savannen. Wie auch auf anderen Kontinenten wird der Typus der lokal vorherrschenden Vegetation vor allem von drei Faktoren bestimmt: der Niederschlagsmenge, der Temperatur und der Beschaffenheit des Bodens. Die Savannen Südamerikas sind Heimat vieler unterschiedlicher Pflanzenarten und einer reichen Tierwelt, die viele bemerkenswerte Eigenschaften, Formen und Verhaltensweisen entwickelt haben.

Viehhirten ziehen durch die Llanos, ein Feuchtsavannengebiet in Venezuela.

Lage und Klima

Die südamerikanischen Savannengebiete lassen sich in vier unterschiedlich große Regionen einteilen, die alle in nicht allzu großer Entfernung vom Äquator liegen. Die Llanos befinden sich in einem natürlichen Becken, nördlich und westlich des Orinocostroms, in Venezuela und Kolumbien. Sie liegen also im Norden des Kontinents und damit als einziges Gebiet nördlich des Äquators. Die anderen drei Gebiete schließen in einer Reihe aneinander an. Am nördlichsten liegt die Caatinga, die sich im Nordosten Brasiliens ausbreitet. Auf die Caatinga folgt in südwestlicher Richtung der Cerrado, der das größte Savannengebiet darstellt und ein Viertel der Fläche Brasiliens einnimmt. Er reicht vom Amazonas-Regenwaldgebiet im Norden bis zu den Waldgebieten im Süden Brasiliens. Im Osten grenzt er an die trockene Caatinga und im Westen ungefähr in Übereinstimmung mit der Grenze zu Bolivien und

Der Waldstorch ist in den Llanos heimisch und ernährt sich hauptsächlich von kleinem Wassergetier.

Paraguay an das Gebiet des Gran Chaco. Der Chaco ist eine riesige Ebene, die sich vom Cerrado bis an die Vorgebirge der Anden erstreckt. Von Südbolivien im Norden dehnt er sich über den größten Teil von Paraguay bis nach Westargentinien aus.

Durch die Nähe zum Äquator sind die Temperaturschwankungen sehr gering, die Durchschnittstemperatur liegt in allen Gebieten zwischen 24 und 28 °C. Der Jahresrhythmus wird durch den Wechsel von Regenperiode und Dürrezeit bestimmt. Mit 500 bis 700 mm durchschnittlicher jährlicher Regenmenge, auf nur vier Monate verteilt, ist die Caatinga das trockenste Gebiet. Der Cerrado dagegen ist mit bis zu 2000 mm Niederschlag im Jahr und nur fünf Monaten Trockenheit das wasserreichste Savannengebiet.

Die Llanos – eine Feuchtsavanne

Die Llanos (spanisch für »Ebene«) am Orinoco liegen in einer Beckenlandschaft, an deren Stelle im Tertiär noch ein Meer war. Dieses Becken wurde im Verlauf von Jahrmillionen mit den Verwitterungsprodukten des Andengesteins aufgefüllt, das von den Flüssen herangespült worden war. Heute liegt die Ebene etwa 100 m über dem Meeresspiegel. Die jährlichen Niederschlagsmengen im Llanos-Gebiet betragen um die 1300 mm. So werden während der Regenzeit 60 % der Llanos überschwemmt. Trotz der hohen Feuchtigkeit findet man nur vereinzelt Bäume. Der Großteil der Fläche ist von etwa 50 cm hohem Gras bedeckt. Die Ursache dafür liegt in der Beschaffenheit des Bodens. In einer Tiefe von 30 – 80 cm liegt eine spezielle Gesteinsschicht, Arecife genannt. Sie hat sich zu einer Zeit gebildet, als der Grundwasserspiegel noch höher lag, und teilt durch ihre von den Wurzeln nicht zu durchbrechende Festigkeit den Untergrund in zwei Bereiche.

Wüsten oder Halbwüsten
Strauch- und Grassteppe
Hochgebirge
Feuchtsavanne
subtropischer Busch
tropischer Regenwald
Trockensavanne
Kulturland
Grasland

Caatinga, der »weiße Wald«

Die Caatinga entspricht in etwa der afrikanischen Dornsavanne. Da die Bäume weit verstreut stehen, kann die Sonne ihre Wirkung fast ungehindert bis zum Boden entfalten. Dieser helle, offene Wald wurde von den Ureinwohnern als »weißer Wald« bezeichnet. Weil die intensive Sonnenstrahlung hohe Temperaturen bewirkt und zu starker Verdunstung führt und weil die Niederschlagsmengen zeitweilig sehr gering sind und sich auf die winterliche Regenzeit konzentrieren, haben sich in der Caatinga entsprechend angepasste Pflanzen angesiedelt. Es sind trockenheitsresistente, Wasser speichernde Bäume, dornige, Laub abwerfende Sträucher, am Boden wachsende stachelige Ananasgewächse oder auch sukkulente Pflanzen wie etwa die Säulenkakteen.

Wie im Gran Chaco kommen auch hier die Carnaubapalme und der Flaschenbaum vor. Den größten Anteil am Baumbestand haben aber Cashewnussbäume und Joazeirobäume. Die Böden sind unterschiedlich beschaffen, weisen aber wegen der hohen Verdunstung vor allem in abflusslosen Senken einen hohen Salzgehalt auf. Die jährlichen Niederschlagsmengen unterliegen extremen Schwankungen. In einzelnen Gebieten fallen einige Jahre hintereinander weniger als 100 mm Niederschlag. Diese Begebenheiten haben eine an extreme Trockenheit und Hitze angepasste Tierwelt entstehen lassen. So sind viele hier lebende Tiere nachtaktiv und verbringen die Hitze des Tages in kühlen Erdhöhlen.

Baumwolle wird häufig in Monokultur angebaut. Das ist wegen der damit verbundenen Bodenauslaugung problematisch.

Feuer: ein wichtiger ökologischer Faktor

Zunächst sah man in den regelmäßig auftretenden Bränden die Ursache dafür, dass in Gebieten mit ausreichend hohem Niederschlag Savannen entstehen. Inzwischen

Die Jäger und Sammler des Gran Chaco

Bis zum Ende des 19. Jahrhunderts besiedelten nur einzelne Indianergruppen das Gebiet des Gran Chaco. Sie lebten in kleinen, nicht hierarchischen Gruppen in einer Wildbeutergemeinschaft, die weder Privatbesitz noch Ackerbau oder Viehzucht kannte. Erbeutete Pflanzen und Tiere wurden gleichmäßig aufgeteilt. Im ganzen Chaco lebten zu dieser Zeit kaum mehr als 1000 Menschen. Im 20. Jahrhundert gelang es nach mehreren erfolglosen Versuchen zuerst der Glaubensgemeinschaft der Mennoniten, einen Teil des Chacogebietes zu besiedeln. Dadurch verloren die ursprünglich hier ansässigen Menschen viel von ihrer überlieferten Kultur. Heute leben im Chaco etwa 80 000 Indianer, viele in ärmlichen Verhältnissen, da sie lange nicht als vollwertige Staatsbürger angesehen wurden. Ein großer Teil verdient seinen Lebensunterhalt als Tagelöhner in der Landwirtschaft. In Bolivien, welches die größten Teile des Chaco 1935 im Chacokrieg an Paraguay verlor, leben im Grenzgebiet zu Paraguay heute noch Indianer als Jäger und Sammler. Angehörige der Izozeños, die einen Teil der indianischen Volksgruppe der Guarani bilden, verwalten den Kaa-Iya-Nationalpark in Bolivien. Sie versuchen, mithilfe von Umweltschutzgruppen diese Naturlandschaft zu erhalten.

Dieser Junge gehört zu den Guaranis, einer indianischen Volksgruppe, die in verschiedene Gruppen aufgeteilt in Paraguay, Bolivien, Argentinien und Brasilien lebt.

Dornbüsche und Sukkulenten sind typische Gewächse der Caatinga, da sie gut an die zeitweilig extreme Trockenheit angepasst sind.

weiß man, dass diese Feuer zwar wichtig für den Erhalt und die Regenerationsfähigkeit der Gebiete, nicht aber die Ursache für die entstandenen Vegetationsformen sind.

Angesichts der Brände konnten nur Pflanzen gedeihen, die ausreichende Schutzmaßnahmen entwickelt hatten. Im Laufe von Jahrmillionen haben die Pflanzen spezielle Anpassungen an die regelmäßig auftretenden Feuer gebildet. Bei manchen Pflanzen der südamerikanischen Savannen fördert das Feuer die Fruchtbildung und Verbreitung der Samen, bei anderen führt die Erhöhung der Temperatur zur Keimung der Samen.

Eine Maßnahme, mit der sich die Bäume vor dem Feuer schützen, ist die Ausbildung einer dicken Rinde. Palmen schützen ihre empfindlichen Bereiche, indem die Blätter den Vegetationskegel in mehreren Schichten umhüllen. Sträucher, krautige Pflanzen und Gräser brennen oberirdisch meist vollständig ab, können sich aber aus unterirdisch liegenden Pflanzenteilen wieder regenerieren.

Heutige Nutzung

Große Bereiche der südamerikanischen Savannen werden heute landwirtschaftlich genutzt. Aufgrund der relativ nährstoffarmen Böden wird meist Rinderweidewirtschaft betrieben. Die Tiere benötigen riesige Flächen, um genug Nahrung zu finden. Daher bewirtschaften Großunternehmen immense Gebiete mit großen Rinderherden.

Auf anderen Flächen werden große Monokulturen von Kaffee, Sojabohnen, Baumwolle und Mais angelegt, die aber regelmäßig gedüngt und in der Trockenzeit bewässert werden müssen. Die aufwendigste, aber auch nachhaltigste Nutzung der südamerikanischen Savannen ist die Gewinnung von Naturmaterialien aus den Savannenpflanzen, v. a. von Fasern und Kautschuk.

Steigende Umweltprobleme

Auch in den südamerikanischen Savannen nehmen die Eingriffe des Menschen zu. Zum einen beeinträchtigt die ständig wachsende Bevölkerung durch ihren Energieverbrauch, den anfallenden Müll und den wachsenden Schadstoffausstoß aufgrund des Straßenverkehrs die Savannen. Zum anderen wird die natürliche Savannenlandschaft durch die landwirtschaftliche Nutzung stark verändert und zum Teil dauerhaft zerstört. Von den einstigen riesigen Flächen der Campos Cerrados sind heute nur noch 20% in der ursprünglichen Form vorhanden.

Neben der Abholzung und dem Abbrennen der Vegetation zur Erschließung von Weideland und Ackerfläche zerstört auch die intensive Bewirtschaftung der Flächen den Boden. Durch die Beweidung der Grasflächen ist nicht genug Gras übrig, um die normale Verdunstungsmenge aufrechtzuerhalten. Daher bleibt mehr Wasser im Boden und Sträucher sowie andere kleine Gehölze verdrängen das Gras.

Capybara, das Wasserschwein

Bei Gefahr ziehen sich Capybaras sofort ins Wasser zurück, am liebsten dorthin, wo viele Wasserpflanzen wachsen.

Capybara
Hydrochaeris hydrochaeris

Klasse Säugetiere
Ordnung Nagetiere
Familie Meerschweinchen
Verbreitung Südamerika
Maße Kopf-Rumpf-Länge: 100–130 cm
Gewicht 50–70 kg
Nahrung Gräser, Wasserpflanzen
Geschlechtsreife mit 15–18 Monaten
Tragzeit 140–160 Tage
Zahl der Jungen 2–8
Höchstalter bis 10 Jahre

Ihre plumpe Gestalt, ihre Körpergröße sowie die Lebensweise am und im Wasser hat vermutlich den Ausschlag für den deutschen Namen »Wasserschweine« gegeben. In Wirklichkeit sind Capybaras (*Hydrochaeris hydrochaeris*) die größten noch existierenden Nagetiere der Welt. Sie erreichen eine Schulterhöhe von bis zu 50 Zentimeter und wiegen bis zu 70 Kilogramm.

Das Amphib unter den Säugetieren

Capybaras leben in kleinen Gruppen von maximal dreißig Mitgliedern. Die Gruppen bestehen aus einem dominanten Männchen, mehreren Weibchen mit Nachwuchs und wenigen rangniederen Männchen. Die Riesennager graben sich kleine Unterschlüpfe, besitzen aber ebenso Ruheplätze am Wasser. Die Tiere entfernen sich nie weit vom Ufer, damit sie sich bei Gefahr unter der Abgabe von lauten, schrillen Warnpfiffen mit überraschend weiten Sätzen sofort ins Wasser begeben können. Dort verbringen sie einen großen Teil ihres Lebens. Sie suchen nach Wasserpflanzen und kühlen sich während der Mittagshitze ab. Auch die Paarung findet im Wasser statt.

An den Zehen der Capybaras befinden sich hufförmige Nägel mit dazwischenliegenden Schwimmhäuten. Eine weitere Anpassung an das Leben im Wasser stellen die weit oben am Kopf sitzenden Nasenlöcher, Augen und Ohren dar, so dass die Tiere, selbst wenn sie fast ganz untergetaucht sind, einen guten Überblick haben. Capybaras sind sehr gute Schwimmer. Sie können bis zu fünf Minuten unter der Wasseroberfläche bleiben und dabei große Strecken schwimmend zurücklegen.

Als Lebensraum bevorzugen sie sumpfige Gebiete in der Nähe von Flüssen und Seen. Gejagt werden die Riesennager zu Land vor allem vom Jaguar, im Wasser von Kaimanen. Jungtiere müssen sich aber auch vor Greifvögeln, Geiern und dem Mähnenwolf in Acht nehmen.

Notfalls wird die Mahlzeit zweimal verspeist

Als Nahrung dienen den Capybaras vor allem Gräser, Baumrinde, Wasserpflanzen, Samen und Früchte. In der Regenzeit bleiben die Riesennager fast die ganze Zeit über im Wasser, da sie sich neben Wasserpflanzen fast ausschließlich von Gräsern der überfluteten Umgebung ernähren. In der Trockenzeit begeben sie sich an Land und weiden Kräuter und Gräser ab.

Die Capybaras haben Schneidezähne, die ein Leben lang nachwachsen und bis zu 2 cm breit sein können. Damit nagen sie die harten Gräser und Baumrinden ab.
Die Tiere haben ihren Verdauungstrakt an ihre schwer verdauliche, ballaststoffreiche Nahrung angepasst. In ihrem extrem verlängerten Blinddarm befinden sich Bakterien, die die Cellulose aufschließen können. Nach diesem Verdauungsvorgang sind im Kot der Capybaras noch genug Nährstoffe vorhanden, so dass die Tiere bei Nahrungsknappheit ihren Kot nochmals verzehren.

Capybaras waren wahrscheinlich ursprünglich tagaktive Tiere. Vermutlich aufgrund der immer häufiger werdenden Störungen durch den Menschen sind sie jedoch im größten Teil ihres Verbreitungsgebietes dämmerungs- und nachtaktiv. Diese Verhaltensänderung macht die Capybaras anfälliger für Angriffe durch Jaguar und Puma.

Frühreife Jungtiere

Während der Paarungszeit bilden geschlechtsreife Männchen nach Moschus riechende Drüsen auf dem Nasenrücken aus. Damit setzen sie in ihrem Gebiet Duftmarken ab. Die dominanten Männchen scharen mehrere Weibchen um sich, mit denen sie sich unter lautem Gepfeife im Wasser paaren.

Das Weibchen bringt nach etwa 150 Tagen zwei bis maximal acht Junge zur Welt. Die bis zu 2 kg schweren Jungtiere kommen behaart und mit offenen Augen zur Welt und können der Mutter sofort folgen. Dies ist eine Seltenheit unter den Nagern, bei denen die Jungen meist nackt und blind geboren werden. Die Kleinen werden etwa zwei Monate gesäugt, wobei sie schon in der ersten Lebenswoche Gras zu sich nehmen. Auch verzehren die Jungen sehr früh den Kot ihrer Mutter, damit sich in ihrem Blinddarm die Cellulose abbauenden Bakterien ansiedeln können.
Der Nachwuchs ist mit etwa zwei Monaten selbstständig und wird kurz darauf von der Mutter verjagt. Die Weibchen werden nach 15 Monaten, die Männchen nach 18 Monaten geschlechtsreif.

Eine Wasserschweinfamilie am Flussufer.

Ein mutiges Capybara zwischen Kaimanen, seinen Fressfeinden.

Die Königsschlange: eine Würgeschlange trockener Regionen

Die *Boa constrictor* oder Königsschlange ist dank ihres Vorkommens in vielen Abenteuergeschichten und ihrer sehr schönen Musterung, die von Tier zu Tier erheblich variieren kann, eine der bekanntesten Schlangen weltweit. Weitere Namen wie »Abgottschlange« oder »Götterschlange« erhielt sie, weil sie von der Urbevölkerung Südamerikas und den als Sklaven dorthin verschleppten Afrikanern im Kult verehrt wurde. Obwohl viele Schauergeschichten über die Königsschlange kursieren, wurde sie in Südamerika nie als für den Menschen gefährlich eingestuft.

Einige Unterarten der Königsschlange sind wegen der exzessiven Rodung der Wälder mittlerweile vom Aussterben bedroht.

Königsschlange
Boa constrictor

Klasse Reptilien
Ordnung Schuppenkriechtiere
Familie Riesenschlangen
Verbreitung Südmexiko bis Argentinien
Maße Länge: über 4 m
Gewicht bis 60 kg
Nahrung Vögel, Echsen, kleine bis mittelgroße Säugetiere
Tragzeit 5–7 Monate
Zahl der Jungen bis zu 60
Höchstalter nicht bekannt

Lebensraum der Königsschlange

Die Boa constrictor ist von Südmexiko bis Argentinien und auf den Kleinen Antillen beheimatet. Sie hält sich bevorzugt in der Nähe von Gewässern trockener Gebiete, in offenen Wäldern, savannenartigen Trockenwäldern und dichten Gebüschen am Boden auf.

Vorteilhafte Schlauchform

Die Königsschlange gehört zu den wechselwarmen Tieren, d. h., sie wenden extrem wenig Energie für ihren Stoffwechsel auf, da sie keine gleich bleibende Körpertemperatur aufrechterhalten müssen; ihre Körpertemperatur hängt vielmehr von der Außentemperatur ab. Wegen der lang gestreckten Körperform haben Schlangen eine im Verhältnis zum Volumen große Oberfläche. In ausgestrecktem Zustand können sie darum sehr rasch Wärmeenergie aufnehmen. Wärmeverluste kann die Schlange ausgleichen, indem sie sich zusammenrollt und so ihre Oberfläche verkleinert. Die Schlauchform bietet Schlangen noch weitere Vorteile: Sie hilft z. B. bei der Flucht, da die Tiere in enge Spalten entweichen können.

Kleiner Kopf und große Beute

Diese Körperform hat aber auch einen entscheidenden Nachteil: Das Maul der Tiere ist im Vergleich zur benötigten Nahrungsmenge sehr klein. Um diesen Nachteil auszugleichen, besitzen Schlangen einen extrem dehnbaren und beweglichen Kiefer, der sie befähigt, Beute zu fangen und zu verschlingen, die im Vergleich zu ihrem Körperumfang riesig ist. Der Nahrungsbedarf der Königsschlangen, die über 4 m lang werden können, ist hoch. Sie ernähren sich ausschließlich von Wirbeltieren, ihre größten Opfer sind das wildschweinähnliche Pekari und die Pampashasen. Um diese Beutetiere zu schlucken, können sie Oberkiefer und Unterkiefer aushängen. Zudem sind die Hälften des Unterkiefers nicht fest miteinander verwachsen, sondern durch ein sehr elastisches Band miteinander verbunden. Die Schädelknochen sind auf ein Minimum reduziert und die Luftröhre ist beweglich genug, so dass die Tiere während der oft stundenlangen Mahlzeit atmen können.

Nach einer Mahlzeit legt die Königsschlange eine bis zu einer Woche dauernde Verdauungspause ein, in der sie sich möglichst wenig bewegt. Die nächste Nahrungsaufnahme ist erst nach mehreren Wochen oder Monaten nötig. Die Königsschlange beginnt nach Einbruch der Dunkelheit mit der Jagd. Um die Beute auch bei völliger Dunkelheit ergreifen zu können, ist sie mit einem Organ zur Wahrnehmung von Wärmestrahlung ausgestattet: Am Kopf sitzende Vertiefungen – Grubenorgan genannt – befähigen sie, Temperaturdifferenzen sehr genau wahrzunehmen und so zwischen potenziellen Opfern und der Umgebung zu unterscheiden.

Der Mutterleib als Nestersatz

Im Gegensatz zu den meisten anderen Schlangen legen alle Boas keine Eier, sondern gebären ihre Jungtiere lebend. Das Weibchen bildet in seinem Körper bis zu 60 fertige Eier mit Schale, die sie im schützenden Mutterleib behält, bis die kleinen Schlangen geschlüpft sind. Die 20–50 cm langen Jungtiere sind sofort selbstständig. Schon wenige Tage nach der Geburt begeben sie sich auf Futtersuche. Den Grund für diese Fortpflanzungsart bilden wahrscheinlich die Temperaturen des Lebensraums: Das Verbreitungsgebiet der Königsschlange reicht in kühlere Gebiete als das ihrer Eier legenden Verwandten. Damit die Jungtiere rechtzeitig vor der kühleren Jahreszeit auf die Welt kommen, kann sie sogar mit Sonnenbädern die Entwicklung der Eier beschleunigen.

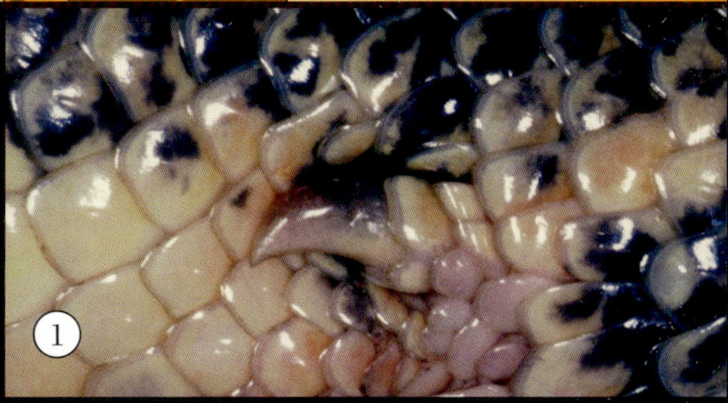

1
Die Überreste von Krallen zeigen, dass die Ahnen der Schlangen Füße hatten.

2
Eine Königsschlange verschlingt eine Ratte. – Königsschlangen sind ungiftig und ersticken ihr Opfer durch Umschlingen. Nachdem sie die Beute mit dem Maul gepackt haben, winden sie sich mehrfach um den Körper des Opfers. Wenn die Beute ausatmet, ziehen sie die Schlingen enger, sodass das Tier immer weniger Luft bekommt, bis es erstickt. Danach wird es am Stück verschlungen.

Das Pantanal

Das größte Überschwemmungsgebiet der Welt im Herzen Südamerikas, das Pantanal, ist ein ökologisch einmaliger Lebensraum, in dem der periodische Wechsel von extremer Trockenheit und Nässe den Lebensrhythmus von Menschen, Tieren und Pflanzen bestimmt. Doch das einzigartige Ökosystem, das die UNESCO 2002 zum Biosphärenreservat erklärte, ist in Gefahr: Vor allem Brandrodungen, der Bau von Staudämmen und eine geplante Wasserstraße bedrohen sein fragiles Gleichgewicht.

Das Pantanal ist die an Krokodilen reichste Region der Erde. Etwa 3,5 Mio. Brillenkaimane bevölkern die Gewässer und deren Ufer.

Das Feuchtgebiet am Oberlauf des Paraguay, das im Wesentlichen in den brasilianischen Bundesstaaten Mato Grosso und Mato Grosso do Sul liegt, ist eigentlich ein Mosaik aus unterschiedlichen Landschaftsformen: Grasland und Lagunen wechseln sich mit weitläufigen Seen und Sumpfgebieten ab. Jedes Jahr erlebt die Tiefebene aufs Neue eine einzigartige Wandlung. Wenn im Oktober die Regenzeit beginnt, fallen in nur einer Stunde bis zu 50 mm Niederschlag. Aus rund 175 Flüssen strömen ungeheure Wassermassen in die Ebene und verwandeln 140 000 km^2 in ein Überschwemmungsgebiet.

Mit dem einströmenden Wasser verändern sich die Bedingungen für Pflanzen und Tiere: So sind die an Land lebenden Tiere nun gezwungen, auf die zahlreichen Inseln auszuweichen, die noch über dem Wasserspiegel liegen. Für alle wasserlebenden Arten bricht eine Zeit des Überflusses an. Mit Beginn der Trockenzeit im April verwandelt sich die Sumpflandschaft allmählich wieder in trockenes Grasland zurück. Jetzt wird der Raum für die zahlreichen Fische und Kaimane immer enger. Wer sich nicht rechtzeitig in die ständig Wasser führenden Flüsse retten konnte, muss jetzt ums Überleben kämpfen. Nach den langen Monaten der Trockenheit ist das Land so ausgedörrt, dass ein einziger Blitz reicht, um Flächenbrände auszulösen. Doch das Pantanal benötigt diese Feuer: Sie bringen wichtige Nährstoffe in den Kreislauf der Natur zurück.
In der Trockenzeit fruchtbare Savanne – in der Regenzeit überflutetes Land: Auf diesen Rhythmus haben sich rund 2 000 Pflanzenarten und etwa 80 Säugetier-, 700 Vogel- und 300 Fischarten, viele Reptilienarten sowie unzählige Insekten eingestellt.

Der Jaribu ist das Wahrzeichen des Pantanals.

Doch menschliche Eingriffe gefährden zunehmend das sensible Ökosystem des Pantanals. Auf der Hochebene, die das Feuchtgebiet umgibt, müssen immer mehr Wälder den Monokulturen aus Mais, Baumwolle, Zuckerrohr und vor allem Soja weichen. Die heftigen Regenfälle schwemmen die ausgelaugten Böden weg und mit dem Schlamm der Flüsse gelangen Düngemittel und Pestizide in die Tiefebene. Ebenso belastet das beim Goldabbau eingesetzte Quecksilber die Gewässer. Staudämme absorbieren zum Teil so viel Wasser, dass in einigen Regionen die alljährliche Überschwemmung ausbleibt. Und schließlich schwebt seit Jahren der geplante Bau einer gigantischen, mehr als 3 000 km langen Wasserautobahn, auf der vor allem ganzjährig Soja transportiert werden soll, wie ein Damoklesschwert über dem Pantanal.

Bislang stehen nur kleine Gebiete dieser einzigartigen Landschaft unter Naturschutz und erst die Zukunft wird zeigen, ob sie zumindest in Teilen erhalten werden kann.

Die Zunge des Ameisenbären

Aus seiner bis zu 60 cm langen Schnauze kann der Ameisenbär seine bis zu 1 m lange Zunge maximal 60 cm weit herausstrecken. Die Zunge ist wurmartig dünn und extrem beweglich, so dass sie auch gewundenen Ameisengängen folgen kann. Außerdem ist sie mit klebrigem Speichel überzogen, an dem die Beute hängen bleibt und mit der Zunge zurück in die Schnauze wandert. Dazu produziert der Große Ameisenbär eine so große Menge Speichel wie kein anderes Tier auf der Welt. Die Zunge könnte ohne Unterbrechung im Einsatz sein, ohne zu trocknen.

Die lange, peitschenähnliche Zunge des Ameisenbären ist eine perfekte Angel, um die Lieblingsspeise einzufangen.

Der Große Ameisenbär: zahnloser Nahrungsspezialist

Der Große Ameisenbär (*Myrmecophaga tridactyla*) ist mit seinen nächsten Verwandten, den Tamanduas und dem Zwergameisenbären, der einzige Vertreter der zur Ordnung der Zahnlosen Säugetiere gerechneten Nebengelenktiere, der tatsächlich keine Zähne besitzt. Dank seiner speziellen Nahrungsgewohnheiten braucht er auch keine. Dieses ungewöhnliche Tier entspricht mit seiner langen Schnauze, dem buschigen Schwanz und dem fehlenden Hals in vieler Hinsicht nicht unserem Bild von einem Säugetier.

Für den Nachwuchs ist der beste Platz auf dem Rücken der Mutter.

Friedfertig, aber sehr wehrhaft

Ameisenbären leben außerhalb der Paarungszeit als Einzelgänger. Sie schlafen am Tag bis zu fünfzehn Stunden. Den Rest des Tages wandern die friedfertigen Tiere auf der Suche nach Nahrung durch die Savanne. Ameisenbären haben ein hervorragendes Gehör, das ihnen hilft Feinde rechtzeitig zu bemerken. Bei Gefahr flüchten sie – als gute Schwimmer gelegentlich auch ins Wasser. Wird der Große Ameisenbär in die Enge getrieben, verfügt er über eine sehr wirkungsvolle Abwehrtechnik: Er wendet sich seinem Gegner, z. B. einem Puma oder Jaguar, zu, richtet seinen Oberkörper auf, wobei er seinen Schwanz als Stütze benutzt, und schlägt mit seinen mit bis zu 10 cm langen krallenbewehrten Vorderfüßen zu. Dabei nimmt der Große Ameisenbär seinen Gegner in einen Klammergriff und reißt mit seinen Krallen tiefe Wunden in dessen Rücken. Dennoch gilt er als gefährdet, da er bejagt wird, sein Lebensraum schrumpft und er vermehrt dem Straßenverkehr zum Opfer fällt.

Perfekt ausgerüstet für die Lieblingsspeise

Auf dem Speiseplan des Großen Ameisenbären stehen Larven, Würmer und weiche Früchte. Am liebsten verzehrt er aber Ameisen und Termiten, die er mithilfe seines guten Geruchssinns aufspürt. Erreicht er ein Ameisennest oder einen Termitenbau, öffnet der Große Ameisenbär die Kolonie mit seinen sichelförmigen Krallen an den Vorderfüßen. Dann fährt er mit seiner langen, klebrigen Zunge in ihre Gänge. Bis zu 160 mal in der Minute fährt die Zunge vom Maul in den Bau und zurück. Die Beute wird in der langen, leicht gebogenen Schnauze an Hornpapillen abgestreift und wandert unzerkaut in den Magen, in dem Hornplatten die Chitinpanzer der gefressenen Opfer zermahlen. In kurzer Zeit nimmt er wenige Hundert Ameisen auf und wandert dann weiter. So können sich die Bestände schnell erholen und er kann diesen Bau bald wieder heimsuchen.
Zum Schutz vor Bissen hat der Große Ameisenbär ein besonders dichtes und hartes Fell. Außerdem kann er sich mit seiner borstigen Schwanzfahne wie mit einem Besen von den kleinen Plagegeistern befreien.

Trotz seines Namens ist der ungewöhnlich aussehende Ameisenbär nicht mit den Bären verwandt.

Wozu laufen, wenn man getragen wird?

Die Weibchen des Großen Ameisenbären sind zweimal im Jahr empfängnisbereit. Kommt es zur Befruchtung, kann es je nach Befruchtungszeitpunkt zu einer verzögerten Implantation des Embryos in den Uterus kommen. So werden die Jungtiere zu einer Zeit mit guten Lebensbedingungen geboren. Die eigentliche Tragzeit dauert etwa 190 Tage. Es wird immer nur ein einziges Jungtier geboren, das voll entwickelt ist und auch sofort laufen kann. Doch statt zu laufen, klettert das Jungtier gleich nach der Geburt auf den Rücken der Mutter und lässt sich rund neun Monate von ihr herumtragen. Nur zum Säugen und (nach vier bis sechs Wochen) zum Fressen klettert es herunter. Der Grund für dieses »faule« Verhalten ist der Schutz des Jungen vor Raubfeinden. Die Mutter kann mit ihrer Abwehrtaktik nur sich selbst, nicht aber das Jungtier verteidigen, somit ist es auf ihrem Rücken bei einem Angriff am besten geschützt.

Großer Ameisenbär
Myrmecophaga tridactyla

Klasse Säugetiere
Ordnung Nebengelenktiere
Familie Ameisenbären
Verbreitung Süd- und Mittelamerika
Maße Kopf-Rumpf-Länge: 100–130 cm
Gewicht 30–35 kg
Nahrung vorwiegend Ameisen und Termiten
Geschlechtsreife nicht bekannt
Tragzeit 180–190 Tage
Zahl der Jungen 1
Höchstalter 26 Jahre (in menschlicher Obhut)

Riesengürteltiere: gepanzerte Graslandbewohner

Für dieses außergewöhnliche Tier ist selbst Beton kein Hindernis. Nach der Gefangennahme eines Riesengürteltiers (*Priodontes maximus*) wurde es, da kein Käfig zur Hand war, über Nacht in einem leeren Schwimmbecken untergebracht. Am nächsten Morgen war es verschwunden, und in der Schwimmbadwand begann ein Fluchttunnel. Das Riesengürteltier hatte in der Nacht die Kacheln gelöst und sich durch die Betonwand in die Freiheit gegraben.

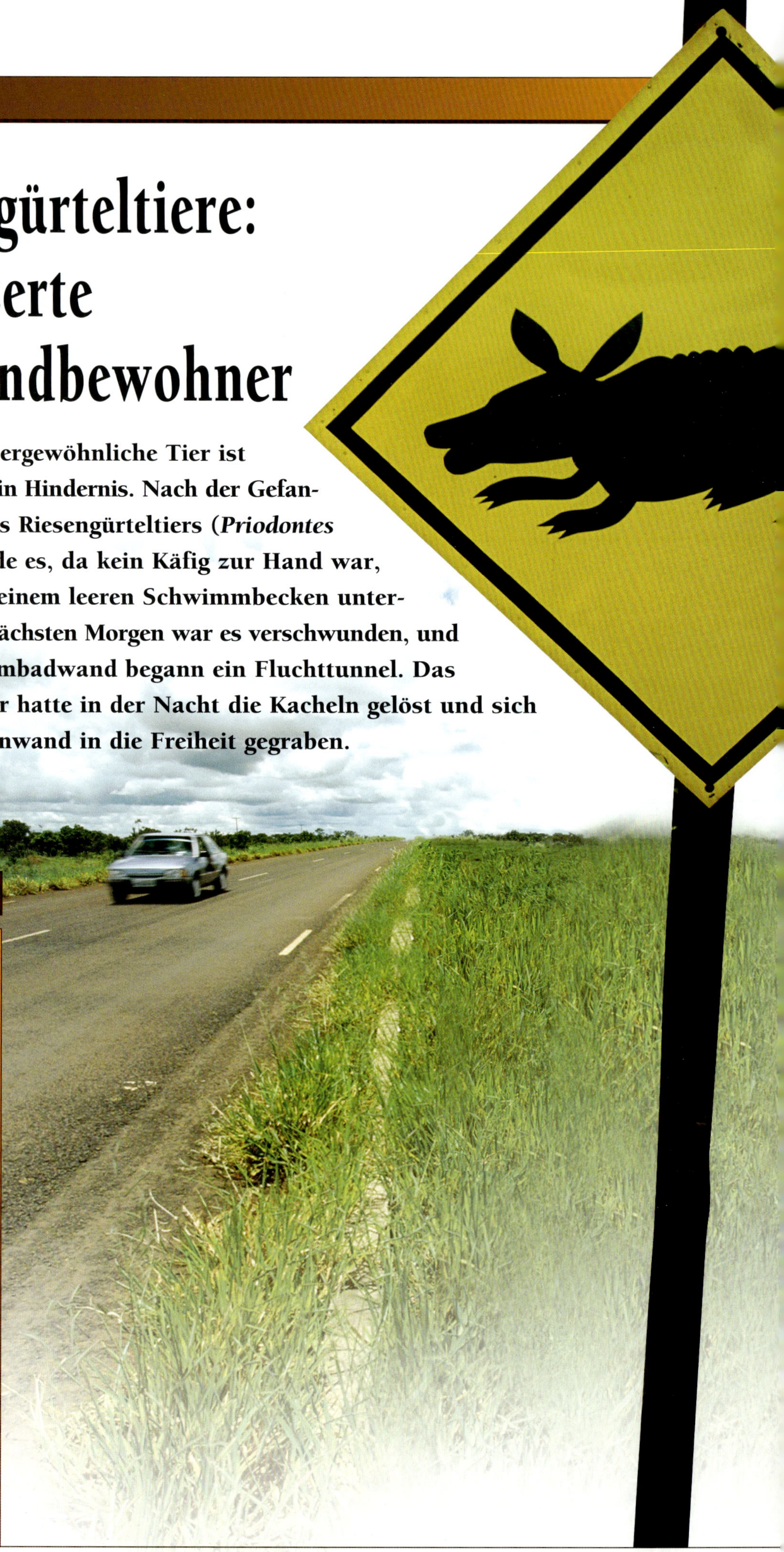

Ausgestorbene Riesen

Vor etwa fünf Millionen Jahren entstand in Südamerika die Ordnung der Nebengelenktiere, zu der heute neben den Gürteltieren die Faultiere und Ameisenbären gehören. Südamerika hatte zu dieser Zeit keine Landverbindung zu einem anderen Kontinent und es gab dort keine größeren Raubtiere, die dieser neuen Tiergruppe hätten gefährlich werden können. So bildeten sich einerseits kleine Spezialisten aus, von denen heute noch einige leben, andererseits Gras fressende Riesenformen. Als Südamerika sich über Mittelamerika mit der übrigen Welt verband, starben etwa drei Viertel der südamerikanischen Tierwelt aus. Vor allem gegen die mittlerweile weit entwickelten, einwandernden Großkatzen hatten die Tiere keine Chance. Die letzten Riesenformen starben mit dem etwa elefantengroßen Riesenfaultier vor 10 000 – 12 000 Jahren aus.

Mit Panzer und Krallen

Das auffälligste Merkmal der Gürteltiere ist ihre Panzerung. Sie besteht aus Hornplatten, die aus einzelnen Hornschuppen gebildet und durch einen Hautknochenpanzer verstärkt werden. Diese Hornschilde bedecken den gesamten Rücken, den Kopf und meist auch den Schwanz. Die Beweglichkeit der Tiere wird durch Hautfalten zwischen den einzelnen Platten gewährleistet. Deshalb können sich Gürteltiere zu einer Kugel zusammenrollen. Riesengürteltiere besitzen die längsten Krallen im Tierreich: Sie können bis zu 20 cm lang werden. Damit graben sie ihre Unterkunft, reißen steinharte Termitenbauten auf und benutzen sie notfalls zur Verteidigung.

Obwohl sie zur Tiergruppe der Zahnlosen gehören, zählen Riesengürteltiere zu den zahnreichsten Säugetierarten. Allerdings sind die bis zu 100 Zähne sehr klein, zapfenartig und funktionslos. Die Nahrungsaufnahme übernimmt die Zunge. Sie ist lang, wurmartig, mit warzigen Höckern und viel klebrigem Speichel überzogen, der von Drüsen im Unterkiefer produziert wird. Die Körpertemperatur der Gürteltiere ist in gewissem Maße von der Außentemparatur abhängig: Fällt diese ab, sinkt auch die Körpertemperatur. Vermutlich sind die Grenzen ihres Verbreitungsgebiets temperaturbedingt.

Nur schwer zu entdecken

Riesengürteltiere, die eine Körperlänge von bis zu 1 m und ein Gewicht von etwa 50 kg erreichen, sind nachtaktiv. Sie leben in der Regel als Einzelgänger und entziehen sich Feinden durch schnelles Eingraben. Wenn sie überrascht werden, verteidigen sie sich, indem sie sich aufrichten und mit den Vorderläufen kräftig um sich schlagen.

Die Weibchen bringen jedes Jahr ein Junges zur Welt, das nach ungefähr einem Monat entwöhnt wird. Über die Fortpflanzungsperiode und die Tragzeit des Riesengürteltiers ist bislang noch nichts Genaues bekannt.

Bei der Nahrungssuche nicht zimperlich

Riesengürteltiere ernähren sich fast ausschließlich von Staaten bildenden Insekten. Mit ihren kräftigen Füßen und spitzen Krallen graben sie sich einen Gang in den Termiten- oder Ameisenbau und nehmen mit der klebrigen Zunge so viele Insekten wie möglich auf. Diese landen unzerkaut im Magen, wo sie mithilfe von verhornten Wänden zerrieben werden.
Die Bisse und das Gift der sich wehrenden Insekten machen dem Riesengürteltier anscheinend wenig aus. Nach einem ausführlichen Mahl übrig gebliebene »Quälgeister« reibt es einfach von seinem Körper ab, indem es sich auf dem Boden wälzt.

Vom Menschen gejagt

Ärmere Bevölkerungsschichten können sich hier kein Rindfleisch leisten und gehen deshalb auf die Jagd nach frei lebenden Tieren. Gürteltierfleisch gilt aber auch in wohlhabenden Kreisen als Delikatesse. Doch nicht nur das Fleisch wird verwertet. Aus dem Panzer werden Taschen, Gefäße und sogar Gitarrengehäuse gefertigt und die Vorderkrallen sind ein beliebter Halsschmuck.

Riesengürteltier
Priodontes maximus

Klasse Säugetiere
Ordnung Nebengelenktiere
Familie Gürteltiere
Verbreitung Südamerika
Maße Kopf-Rumpf-Länge: 80–100 cm
Gewicht ca. 50 kg
Nahrung vorwiegend Termiten und Ameisen
Geschlechtsreife nicht bekannt
Tragzeit nicht bekannt
Zahl der Jungen 1, selten 2
Höchstalter über 4 Jahre (in menschlicher Obhut)

Dank ihrer langen, kräftigen Krallen können sich Riesengürteltiere schnell eingraben.

zu den Nagern zählenden Hasen und Kaninchen haben im Mara oder Pampashasen ihre Entsprechung.

Gras fressende Großsäugerarten gibt und gab es in der Pampa nur wenige. Früher müssen einige Millionen der nur 75 cm großen Pampashirsche in der Pampa gelebt haben. Inzwischen sind sie fast ausgerottet. Das gilt auch für das Guanako, einer steppenlebenden Form des Wildkamels.

Zu den Raubtieren der Pampa zählen der Mähnenwolf und der Pampasfuchs, die sich beide auf die Jagd der Meerschweinchenverwandten spezialisiert haben. Größere Beute wird von Puma und Jaguar erlegt. Auffälligste Vögel der Pampa sind die verschiedenen Arten des Nandus und der trappenähnliche Seriema. Die Reptilien sind durch die sehr giftige Schauerklapperschlange und mehrere Erdleguanarten vertreten.

Das imposante Pampasgras beeindruckt durch seine großen weißen Blütenstände.

Die Pflanzenwelt

Krautige Pflanzen haben an der Vegetation der Pampa nur einen geringen Anteil. Die häufigsten Gräsergattungen sind die Federgräser. Auf Böden mit geringem Salzgehalt kann man die Blüten des bis zu 6 m hohen Pampasgrases bewundern. Die flach im Boden wurzelnden Gräser gedeihen auf der nur oberflächlich feuchten Pampa hervorragend, wobei die Höhe der Grashalme mit zunehmender Trockenheit und steigendem Salzgehalt im Boden abnimmt. Durch die wachsende landwirtschaftliche Nutzung sind jedoch viele einheimische Gräser durch Futtergräser verdrängt worden.

Rätselhaft baumlose Pampa

Eigentlich ist es erstaunlich, dass in der Pampa keine Bäume wachsen, obwohl es an Regen nicht mangelt. Mehr noch: Dort, wo es trockener ist, wachsen kurioserweise Gehölze und es haben sich sogar Trockenwälder gebildet. Die Wissenschaft versucht schon seit langem, das Rätsel der Baumlosigkeit zu lösen.

Auffälligster Vogel der Pampa ist der Nandu (Rhea americana).

Zuerst nahm man an, dass das regelmäßige Abbrennen der Flächen durch die auf die Jagd nach Guanakos spezialisierten Indianerstämme einen Baumwuchs verhindern würde. Ausgrabungen haben aber ergeben, dass auch schon vor der Besiedlung Südamerikas durch den Menschen kein Baumbestand in der Pampa vorhanden war. Dann vermutete man, dass die Verdunstungsrate durch das warme Klima so hoch ist, dass es trotz der Niederschläge zu einer negativen Wasserbilanz kommt. Dies trifft aber nur auf den westlichen Teil der Pampa zu. Der Lösung des Rätsels kam man näher, als man die Klimadiagramme detaillierter analysierte, anstatt nur die pauschalen Durchschnittswerte zu betrachten. Im östlichen Teil der Pampa erreichen die Niederschläge ein Maximum im Frühsommer. Aufgrund der wasserundurchlässigen oberen Bodenschichten dringt allerdings wenig Wasser in tiefere Schichten vor. Deshalb sind die Böden staunass und damit sauerstoffarm.

Eine hemmende Auswirkung haben auch die regelmäßigen Feuer, die infolge von Blitzschlag oder Selbstentzündung der Gräser in der heißen Steppe auftreten. Sie vernichten die relativ empfindlichen Baumkeimlinge oder schädigen sie stark.

Wenn all diese Faktoren, wie in der östlichen Pampa, zusammenkommen, hat das schnell wachsende Gras so große Konkurrenzvorteile gegenüber den Gehölzen, dass jeglicher Baumbewuchs von Anfang an unterdrückt wird. Entfernt man die Grasnarbe und pflanzt Bäume an, gedeihen diese Bäume prächtig. Allerdings können sie sich nicht selbstständig im Grasland verbreiten.

Die Rinderzucht begann am Ende des 19. Jahrhunderts zu boomen.

Land der Rinder und Gauchos

Bereits die ersten Siedler verstanden es, die Pampa wirtschaftlich zu nutzen. Aufgrund der vielen Guanako- und Emuherden bildete sich das Reich der Tehuelche-Indianer. In der Kolonialzeit wurden diese Herden von den Eroberern bejagt, um die wirtschaftliche Grundlage der Indianer zu zerstören. Der Jagd auf ausgewilderte Rinder folgte eine ausgedehnte Rinderzucht. Ackerbau wurde in jener Zeit nur zur Selbstverpflegung betrieben. Dies änderte sich mit der zunehmenden Einwandererzahl aus Europa in der Mitte des 20. Jahrhunderts, durch die der Weizenanbau immer weiter ausgebaut wurde. Später kamen andere Feldfrüchte wie Mais, Hafer, Gerste und Sonnenblumen hinzu. So sank der Anteil der Viehwirtschaft in der Pampa von 75 % auf nur noch rund 20 %.

Mit der industriellen Landwirtschaft sind neue Probleme entstanden. Die einst sehr fruchtbaren Böden der Pampa verlieren an Nährstoffen, so dass sie inzwischen gedüngt werden müssen. Die offenen Flächen der abgeernteten Äcker führen zu einer bisher nicht da gewesenen Erosion der Erdschicht, was in absehbarer Zeit zur Zerstörung der fruchtbaren Ebene der Pampa führen könnte.

Puma *Puma concolor*
Klasse Säugetiere **Ordnung** Raubtiere **Familie** Katzen **Verbreitung** Süd- und Zentralamerika sowie USA und Kanada **Maße** Kopf-Rumpf-Länge: 105–170 cm **Standhöhe:** 56–78 cm **Gewicht** 30–100 kg **Nahrung** Säugetiere bis zur Größe eines Hirsches **Geschlechtsreife** mit 1,5–2 Jahren **Tragzeit** 92–96 Tage **Zahl der Jungen** 2–4 **Höchstalter** etwa 15 Jahre

Dem Puma (*Puma concolor*) wurden viele Namen gegeben, z. B. »Berglöwe«, »Kuguar« und »Silberlöwe«. In Kalifornien wird er auch treffend »Katze der vielen Namen«, in anderen Gegenden wegen seiner Seltenheit auch »Geisterwanderer« genannt. Ein Grund für die vielen Namen könnte das große Verbreitungsgebiet der Katze sein.

Der Puma: Katze mit großem Verbreitungsgebiet

Viele Farbvariationen möglich

Der Puma wird zwar zu den Kleinkatzen gezählt, ist aber mit Abstand die größte von ihnen. Mit einer Körperlänge von bis zu 170 cm, einer Schwanzlänge von knapp 90 cm und einem Gewicht bis über 100 kg braucht der Puma den Vergleich mit den Großkatzen nicht zu scheuen.
Die Fellfarbe kann von blassgelb über verschiedene braune und rote Töne bis hin zu silbergrau oder sogar schwarz variieren. Meist herrschen aber gelblich braune Farbtöne vor. Generell kann man sagen, dass die Schwanzspitze, die Ohren und das Fell um die Augen dunkel bis schwarz gefärbt sind. Die Unterseite ist außerdem immer heller (zum Teil fast weiß) als der Rücken.

Der Puma ist in Bezug auf seine Umwelt sehr anspruchslos, solange er genug Beute finden kann. Er kann darum problemlos unterschiedliche Lebensräume bewohnen: den Regenwald ebenso wie das Grasland, die Wüste wie die Hochgebirge bis über die Baumgrenze. Pumaspuren wurden in den Anden noch in 5600 m Höhe gefunden.

Einzelgänger mit großer Sprungkraft

Als strikter Einzelgänger geht der Puma seinen Artgenossen möglichst aus dem Weg. Dies geht sogar so weit, dass er eingedrungene, fremde Pumas in seinem Revier meidet. Die durchschnittliche Größe eines Reviers beträgt 50 km^2. Das Revier eines Männchens überschneidet sich nie mit denen anderer Männchen, aber mit denen einiger Weibchen.

Pumas sind nur in abgelegenen Gebieten tagaktiv. Im größten Teil ihres Verbreitungsgebiets jagen sie in der Dämmerung. Als Lauerjäger pirscht sich der Puma geduckt und lautlos an sein Opfer heran. Ist er nah genug, springt er mit einem riesigen Satz auf den Rücken der Beute und setzt zum Genickbiss an. Verfehlt der Puma das Opfer, nimmt er selten die Verfolgung auf, da er nur kurze Strecken sprinten kann. Bevorzugte Beute sind Hirsche und andere hirschgroße Huftiere. Der Puma hat keine natürlichen Feinde, nur am Nordende seines Verbreitungsgebiets muss er manchmal vor Wolfsrudeln fliehen.
Bei der Pirsch durch sein Revier oder auf der Flucht vor Wölfen hilft dem Puma sein hervorragendes Sprungvermögen. Aus dem Stand kann die Katze mit einem Satz einen Höhenunterschied von bis zu sechs Metern überwinden, z. B. auf einen hohen Baum oder Felsen. Auch im Weitsprung, als Beutesprung oder über Abgründe hinweg, erreicht der Puma große Weiten. Sprünge von bis zu 10 m sind beobachtet worden.

Lange Lehrzeit bei der Mutter

Die Paarungszeit ist bei Pumas an keine feste Jahreszeit gebunden. Sie ist die einzige Zeit, in der man mehrere ausgewachsene Tiere zusammen beobachten kann. Hat das Weibchen einen Partner erwählt, sind die beiden für bis zu zwei Wochen unzertrennlich. Nach der Hitze des Weibchens gehen beide Katzen wieder getrennte Wege.
Nach etwa drei Monaten Tragzeit wirft das Pumaweibchen zwei bis vier Jungtiere. Die jungen Pumas sind bei der Geburt bis zu 30 cm lang und wiegen um die 500 g. In den ersten fünf Wochen werden die Kleinen von der Mutter ausschließlich mit Milch versorgt, danach bekommen sie ihr erstes Fleisch.
Junge Pumas bleiben im Vergleich zu anderen Katzen sehr lange bei ihrer Mutter. Diese bringt ihnen auf ihren Streifzügen alles Lebensnotwendige bei. Die meisten Jungtiere verlassen ihre Mutter nach einem Jahr, manche bleiben aber auch volle zwei Jahre in ihrer Obhut. In freier Wildbahn werden Pumas selten älter als 15 Jahre.

(1) *Sprungkraft und Geduld sind wichtige Voraussetzungen für eine erfolgreiche Jagd.*

(2) *Die Jungtiere haben ein schwarz geflecktes Fell. Dieses Jugendkleid, das eine gute Tarnung abgibt, wird zunehmend blasser und ist meist nach zwei Jahren ausgewachsen.*

Mähnenwölfe: hochbeinige Savannenbewohner

Der deutsche Name dieses Raubtieres ist ein wenig irreführend, da der Mähnenwolf (*Chrysocyon brachyurus*) zum Wolf keine nähere verwandtschaftliche Beziehung hat. Er gehört zu den hundeartigen Raubtieren, kann dort aber keiner Gruppe näher zugeordnet werden. Vermutlich ist er ein Überbleibsel der ursprünglichen Tierwelt Südamerikas.

Stelzenläufer im Grasland

Der Mähnenwolf erreicht durch seine langen, großteils schwarz gefärbten Beine eine Schulterhöhe von bis zu 90 cm – damit überragt sein fuchsähnlicher Kopf das hoch wachsende Gras seines Lebensraums und verschafft ihm eine gute Übersicht. Dies gilt auch als Erklärung für die Herausbildung seiner langen Beine im Zuge der Evolution.

Auffällig ist der für Hunde ungewöhnlich schaukelnde Gang des Mähnenwolfes. Grund hierfür ist sein Passgang, d. h., es werden jeweils die Vorder- und Hinterbeine der einen Seite vorangesetzt und nicht die

An dem Gebiss kann man erkennen, dass der Mähnenwolf kein ausschließlicher Fleischfresser ist. Die Backenzähne bilden keine Brechschere, sondern haben eine breite Form, wie sie zum Zermahlen von Pflanzen nötig ist.

diagonal gegenüberliegenden Beine wie beim Wechselgang.

Das Fell ist rötlich braun und wird nach unten hin dunkler. Auffällig sind auch die schwarze Mähne, die der Mähnenwolf bei Bedrohung aufstellt, und der weiße buschige Schwanz. Trotz seiner Höhe ist das Tier leicht gebaut und bringt bei einer Körperlänge von 110 cm maximal 25 kg auf die Waage.

Die Heimat des Mähnenwolfes sind die brasilianischen Campos Cerrados, der Gran Chaco zwischen Argentinien und Bolivien sowie die anschließende Pampa Argentiniens und Paraguay.

Raubtier mit Liebe zu Früchten

Der nachtaktive Mähnenwolf verbringt den Tag in einem sicheren Versteck und geht zu Beginn der Dämmerung auf Nahrungssuche. Dabei bevorzugt er Kleinnager wie Meerschweinchen, verschmäht aber auch Bodenvögel, Eidechsen, Schnecken und Fische nicht. Mit seinem guten Gehör nimmt er die Kleintiere im hohen Gras wahr, schleicht sich an und fängt die Beute mit einem schnellen Sprung. Es ist dieselbe Jagdtaktik, wie wir sie vom europäischen Fuchs kennen. In seltenen Fällen gräbt er auch Beutetiere aus und bei Gelegenheit kann es passieren, dass ein hungriger Mähnenwolf in die Stallungen von Haustieren einbricht.

Fast die Hälfte der Nahrung besteht beim Mähnenwolf aus Pflanzenkost. Seine Vorliebe gilt Früchten. Wurzeln, Zwiebeln und Knollen komplettieren seine pflanzliche Kost.

Jungenaufzucht mit dem Vater

Juli und August sind die Paarungsmonate, wobei das Weibchen nur fünf Tage läufig ist. Die Mähnenwölfin signalisiert dem Partner Paarungsbereitschaft, indem sie sich an ihm reibt und sich vor das Männchen niederbeugt. Zusätzlich schlägt sie mit den Vorderbeinen mehrmals auf den Boden.

Nach einer Tragzeit von ca. zwei Monaten bringt die Mähnenwölfin zwei bis fünf Junge zur Welt. Auffallend ist, dass die Jungtiere noch nicht die langen Beine der Eltern besitzen. Sie sind an einem geschützten Platz in dichter Vegetation versteckt und werden ca. drei Monate lang gesäugt. Sobald die Jungtiere abgestillt sind, versorgen beide Eltern sie mit aus dem Magen hervorgewürgter Nahrung. Mit zwei Jahren sind die Jungtiere geschlechtsreif und versuchen, mit einem Partner zusammen ein Revier zu besetzen.

Vom Menschen verehrt und verdrängt

Häufig wird der Mähnenwolf als der schönste aller Wildhunde angesehen. In seiner Heimat werden ihm magische Kräfte zugesprochen und auch in die Mythen fand er Einzug. Trotz dieser Verehrung nimmt der Bestand der hochbeinigen Raubtiere seit ca. 200 Jahren drastisch ab. Ursache dafür ist das starke Bevölkerungswachstum und die damit einhergehende Ausdehnung von Anbauflächen. Der heutige Bestand an Mähnenwölfen in freier Natur wird auf maximal 5000 Tiere geschätzt.

Mähnenwolf
Chrysocyon brachyurus

Klasse Säugetiere
Ordnung Raubtiere
Familie Hunde
Verbreitung im zentralen Südamerika
Maße Kopf-Rumpf-Länge: ca. 110 cm
Standhöhe: ca. 85 cm
Gewicht 20–25 kg
Nahrung u. a. Kleinnager, Bodenvögel, Eidechsen, Früchte und Wurzeln, Schnecken, Fische
Geschlechtsreife mit 1 Jahr, Fortpflanzung im 2. Jahr
Tragzeit 65 Tage
Zahl der Jungen 2–5
Höchstalter 12–15 Jahre (in menschlicher Obhut)

Die langen Beine verschaffen dem Mähnenwolf einen guten Überblick im hohen Savannengras.

In ihrer Heimat Südamerika waren die Nutrias (*Myocastor coypus*) gegen Ende des 19. Jahrhunderts schon fast ausgerottet. Wie bei anderen Pelztieren war ihr begehrtes Fell der Grund für die starke Bejagung. Inzwischen gibt es auf allen Kontinenten außer Australien freilebende Nutriapopulationen, gegründet von Tieren, die aus Pelzfarmen entwichen sind.

Nutrias: begehrt wegen ihres Fells

Amphibisch lebende »Biberratte«

Nutrias gehören mit einer Körperlänge von ca. 65 cm zu den größeren südamerikanischen Nagetieren in der zoologischen Unterordnung der Meerschweinchenverwandten (*Caviomorpha*). »Nutria« ist ein spanisches Wort und bedeutet eigentlich »Fischotter«. Die Nutria ist die einzige Art aus der Familie der Biberratten (*Myocastoridae*), sind aber weder mit dem Biber noch mit der Ratte näher verwandt. Daher sind die für die Nutria auch verwendeten Bezeichnungen Biberratte und Sumpfbiber eigentlich nicht korrekt. Eine nähere Verwandtschaft besteht hingegen mit den Wasserschweinen, den Viscachas und den Meerschweinchen. Die irreführende Namensgebung beruht auf der Ähnlichkeit mit den Bibern in der amphibischen Lebensweise.

Nutrias sind hervorragende Schwimmer, an Land jedoch wirken sie etwas unbeholfen.

Nutrias besitzen ein dichtes und weiches Unterfell, das von langen, groben Grannenhaaren bedeckt wird. Der Schwanz ist beschuppt, nur wenig behaart und im Vergleich zum Schwanz des Bibers nicht abgeflacht, sondern rund. Die Hinterfüße haben fünf Zehen, von denen vier mit Schwimmhäuten verbunden sind, die fünfte, freie Zehe dient zur Fellreinigung. Mit den Vorderpfoten ölt sich die Nutria die Grannenhaare ein, um das Fell wasserdicht zu halten. Entsprechende Fettdrüsen sitzen in den Mundwinkeln und am After.

Nutria
Myocastor coypus

Klasse Säugetiere
Ordnung Nagetiere
Familie Biberratten
Verbreitung ursprünglich Südamerika; in Nordamerika und Europa als Farmtier eingeführt und verwildert
Maße Kopf-Rumpf-Länge: 45–65 cm
Gewicht 8–10 kg
Nahrung pflanzlich
Geschlechtsreife mit 3–7 Monaten
Tragzeit 128–135 Tage
Zahl der Jungen 2–13
Höchstalter bis 12 Jahre (in menschlicher Obhut)

Nicht nur ihres dichten Felles wegen, sondern auch als Fleischlieferanten wurden Nutrias lange Zeit in ihrer Heimat gejagt.

Am Tage geschützt im Bau

Bevorzugte Lebensräume der Nutrias sind Seen, Flussläufe, Sümpfe und Meeresküsten. In der Uferböschung legen sie Baue an, die meist nur aus einem 3 – 7 m tiefen Gang bestehen, der in einem einfachen Kessel endet. Der Eingang liegt immer über der Wasseroberfläche. Den Tag verbringen Nutrias in ihrem Bau, denn sie sind nachtaktiv und verlassen ihre Behausung erst zur Dämmerung. Ist das Ufer nicht zum Höhlenbau geeignet, ruhen die Nutrias in Schilfnestern am Ufer oder im Flachwasser. Den größten Teil ihres aktiven Lebens verbringen die Nutrias im Wasser. Sie sind sehr gute Schwimmer und tauchen bis zu fünf Minuten.

An Land sind die scheuen Tiere etwas unbeholfen und entfernen sich deshalb selten weit vom Ufer. Bei der geringsten Störung fliehen die Nutrias sofort wieder ins Wasser oder in ihren Bau. Ihre natürlichen Fressfeinde sind vor allem Alligatoren, aber auch Schlangen, Mähnenwölfe, Jaguare und Pumas; Jungtiere werden auch von Greifvögeln angegriffen. Wird Nutrias der Fluchtweg abgeschnitten, können sie zum Angriff übergehen, wobei sie sich mit ihren Schneidezähnen im Gegner verbeißen.

Auch Feldfrüchte wie Mais stehen bei Nutrias auf der Speisekarte.

Meist leben Nutrias paarweise in einem Bau, bilden aber auch Kolonien, wobei einzelne Baue miteinander verbunden sein können.

Verschwenderischer Nahrungserwerb

Bei den dämmerungs- und nachtaktiven Nutrias ist der Sehsinn nicht gut entwickelt, stattdessen besitzen sie einen hervorragenden Geruchssinn und ein gutes Gehör. Wichtig für die Nahrungssuche im trüben Wasser ist besonders der ausgezeichnete Tastsinn der langen Schnurrhaare.
Die Nahrung der Nutria besteht großenteils aus Wasserpflanzen, Schilf und Sauergräsern. Mehr oder weniger als Beikost fressen sie Schnecken und Muscheln, die auf den Pflanzen sitzen. Die Mundhöhle hinter den Schneidezähnen lässt sich verschließen. So können Nutrias unter Wasser Pflanzen abnagen und hinter den Zähnen transportieren, ohne Wasser zu schlucken. Wegen des kurzen Tauchvermögens werden die Pflanzen in großen Stücken herausgerissen und zum Fressen an die Oberfläche gebracht.

Gelegentlich suchen sie auch an Land nach Nahrung, entfernen sich aber selten mehr als 100 m vom Wasser. Dabei richten Nutrias in Reis-, Kartoffel- und Maisfeldern beträchtliche Schäden an, weil sie auch hier immer die ganzen Pflanzen ausreißen und nur einen kleinen Teil davon fressen.

Entwischt!

Nutrias wurden in Südamerika schon früh wegen ihres Felles gejagt, was die Art fast aussterben ließ. Im 19. Jahrhundert wurden auf dem Halbkontinent die ersten Farmen zur Nutriazucht gegründet, die sich im 20. Jahrhundert erfolgreich auch in anderen Kontinenten etablierten. Aus diesen Farmen entwichen immer wieder einzelne Tiere oder wurden freigelassen, weil Anti-Pelz-Kampagnen und sinkende Nachfrage die Zucht unrentabel werden ließen. Daher sind Nutrias heute fast weltweit verbreitet. Stabile Populationen gibt es z. B. in

- Japan
- Ostafrika
- im Süden der ehemaligen Sowjetunion
- Europa (auch in Deutschland)
- Nordamerika

Beste Lebensbedingungen scheinen die Nutrias im US-amerikanischen Staat Louisiana vorzufinden, denn dort entwickelten sie sich zur regelrechten Plage. In nur 13 Jahren vermehrten sich dort einige ausgebrochene Tiere auf über 2 Millionen Exemplare.

Karnickel Südamerikas

Die an die sprichwörtlichen Karnickel erinnernde Fruchtbarkeit der Nutrias ist eine zweckdienliche Methode, ihre Art zu erhalten, denn Nutriaweibchen können sich bis zu dreimal im Jahr paaren.

Die Tragzeit ist mit etwa 130 Tagen für Nagetiere relativ lang, dafür kommen dann aber behaarte und schon nach wenigen Stunden schwimmfähige Jungtiere mit offenen Augen zur Welt. Die 2 bis 13 Jungen haben ein Geburtsgewicht von rund 200 g und werden, obwohl sie schon nach fünf Tagen ohne Mutter überlebensfähig sind, bis zu 60 Tagen mit Muttermilch versorgt. Bereits ein bis zwei Tage nach der Geburt werden die Muttertiere erneut gedeckt. Wann die Jungtiere geschlechtsreif werden, ist vom Zeitpunkt der Geburt innerhalb des Jahres abhängig und kann drei bis sieben Monate dauern. Bei den Jungen des ersten Wurfs im Jahr setzt die Geschlechtsreife schneller ein, so dass die Weibchen dieses Wurfes noch im Jahr ihrer eigenen Geburt Nachwuchs bekommen können.

Manchmal treten Nutrias auch in Massen auf, wie hier an der Lagune von San Vicente in Argentinien.

Ein Töpfervogel blickt aus seinem kunstvoll errichteten Nest.

Töpfervögel: enorm fleißige Nestbauer

Seine Leidenschaft, bei jeder sich bietenden Gelegenheit aus Schlamm und Dung ein Nest zu bauen, hat dem Töpfervogel (*Furnarius rufus*) in seiner Heimat Südamerika etliche Namen eingebracht, beispielsweise Erdhannes, Erdkneter oder Ofenbauer.

Zu Fuß auf Insektenjagd

Das Gefieder des Töpfervogels ist ganz in braunen und blassen Erdtönen gehalten. Auffällig an dem bis 20 cm großen Vogel ist der deutlich sichtbare weiße Kehlfleck. Zur Futtersuche hält er sich meist am Boden auf, wo er mit seinem spitzen, pinzettenartigen Schnabel Insekten und Spinnen im dichten Gras auflauert. Doch auch Unterholz, Gebüsche und Baumkronen gehören zu seinen Futterplätzen. Dabei hüpft oder schreitet der Töpfervogel durch das dichteste Blätterwerk, um einerseits reiche Beute zu machen und andererseits vor potenziellen Fressfeinden besser verborgen zu sein.

Die Nacht verbringen Töpfervögel geschützt im dichten Gestrüpp der Bäume oder im Gras. Sobald es hell wird, begeben sie sich wieder auf Futtersuche. Für Beutelratten, die ihnen am Boden oder in Bäumen nachstellen, oder für Falken sind Töpfervögel eine willkommene Beute.

Nestbau bei jeder Gelegenheit

Schon lange vor der Brutzeit regen feuchter Lehm, feuchte Erde und Dung den Bautrieb des Töpfervogels an. Der Baustoff wird in kleinen Portionen auf einen waagrecht verlaufenden Ast oder auf Zaunpfosten und Strommasten gesetzt. Oft werden die Nester auch auf alten Nestern gebaut, so dass mehrstöckige Gebilde entstehen. Als Erstes erstellt der Töpfervogel den Nestsockel, auf dem das Nest später sicher ruht. Danach baut er aus den Lehmkügelchen, unter zusätzlicher Verwendung von Pflanzenfasern zur Stabilisierung, eine runde Nestkugel, die einen Durchmesser von bis zu 30 cm aufweist. Teils wird das Nest von beiden Partnern gemeinsam gebaut, teils baut jeder für sich ein Nest, das sich in einer Höhe von 2 – 30 m befindet.

Das nach unten offene Nest ist in zwei Räume aufgeteilt. Die sog. Vorkammer ist ein schmaler, ca. 5 cm breiter Gang, der in die Nestkammer führt. Durch ihn kann der Töpfervogel leicht die Nestkammer erreichen, potenzielle Fressfeinde aber werden durch den schmalen Gang von der Brut ferngehalten. An einem Nest baut der Töpfervögel etwa zwanzig Tage. Trotz dieser aufwendigen Arbeit und obwohl nur ein Nest einmalig zur Brut benutzt wird, werden jedes Jahr mehrere Nester errichtet.

Kein perfekter Schutz

Die Brutzeit der Vögel beginnt im September. Nachdem das Weibchen drei bis vier weiße Eier in der Nestkammer gelegt hat, beteiligen sich beide Partner am Brüten und am Füttern der Jungen. Die jungen Töpfervögel schlüpfen nach 14 – 18 Tagen.
Auch wenn der Bau vergleichsweise massiv ist, sind weder das Gelege noch die Jungtiere vor Feinden völlig sicher. Die jungen Töpfervögel werden z. B. vom Blaubussard erbeutet, der mit Krallen und Schnabel die Nestkammer von außen aufbricht. Auch der Guirakuckuck kann die Kugel aufhacken und Eier oder Jungtiere fressen.

Spätestens mit 26 Tagen verlassen die jungen Töpfervögel das Nest endgültig und verbringen die Nacht wie ihre Eltern im Dickicht. Nach dem Verlassen des Nestes bleibt die Familie noch für eine Weile zusammen, bis die Jungvögel im Januar das Revier der Eltern endgültig verlassen.

Töpfervogel
Furnarius rufus

Klasse Vögel
Ordnung Sperlingsvögel
Familie Töpfervögel
Verbreitung Südamerika
Maße Länge: 20 cm
Gewicht 40–65 g
Nahrung Insekten, Spinnen
Zahl der Eier 3–4
Brutdauer 14–18 Tage
Höchstalter nicht bekannt

Der Töpfervogel überwacht sein Revier von günstig gelegenen Aussichtspunkten, um Eindringlinge rasch verjagen zu können.

OSTAFRIKAS SAVANNEN

Scheinbar endlos weite Grasflächen

Gras, soweit das Auge reicht, durchsetzt von wenigen markanten Bäumen, und riesige Herden weidender Tiere – das ist das Bild, das man mit den Savannen Ostafrikas verbindet. Diese Grasländer sind nicht nur der Lebensraum unzähliger Tierarten, sondern auch die Wiege des Menschen. Der Tierreichtum der Savannen Ostafrikas ist heute nur noch in Schutzgebieten zu finden. Außerhalb der Reservate sind wild lebende Tiere selten anzutreffen.

Die Serengeti

Siringet – endlose Ebene. Die aus der Sprache der Massai stammende Bezeichnung charakterisiert treffend das weite Gebiet im Herzen Ostafrikas, das sich zwischen den Ausläufern des Rift Valley im Osten und dem Victoriasee im Westen erstreckt. Auch heute noch ist die Serengeti Lebensraum einer einzigartigen Tierwelt, aus der vor allem die großen Säugetiere hervorstechen. Was in anderen Teilen Afrikas und der Welt unwiederbringlich vorüber ist, kann sich hier dank umfassender Schutzmaßnahmen noch immer vollziehen: die jährliche, von Regen- und Trockenzeiten gesteuerte große Wanderung der Huftiere.

Die Serengeti ist als Tierparadies weltberühmt. Besonders beeindruckend sind die großen Huftierherden, wie sie gemächlich fressend über die weiten Ebenen ziehen.

Lage und Klima

Die Savanne steigt von Osten nach Westen von rund 1 500 auf etwa 1 800 Meter über dem Meeresspiegel an. In der Klimazone der Tropen mit Temperaturen zwischen 15 und 30 °C gelegen, wird das Ökosystem Serengeti durch den festen Wechsel von Trocken- und Regenzeiten bestimmt. Der mittlere Jahresniederschlag bewegt sich zwischen 550 mm und 1200 mm. Ursache dieses trockenen Klimas sind die Hochländer, die am Rand des östlich des Victoriasees gelegenen Zentralafrikanischen Grabens aufragen. Sie schirmen die Serengeti weitgehend von der Zufuhr feuchter Luftmassen aus dem Kongobecken ab.

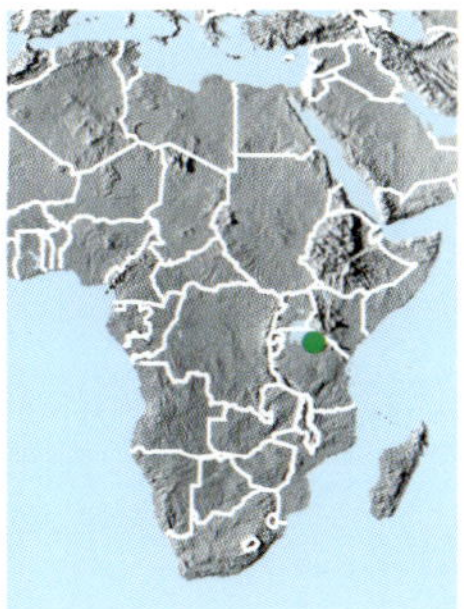

Die große Wanderung der Tiere

Während der Regenzeit, wenn das Gras besonders üppig sprießt, ziehen riesige Herden durch die Ebenen. Millionen von Gnus, Zebras und Kaffernbüffeln weiden die nährstoffreichen Gräser ständig ab. Den Herden folgen die Fleischfresser, deren Tisch nun auch reich gedeckt ist: Löwen, Geparden und Hyänen, für die nicht nur die neugeborenen Kälber der Gnus leichte Beute versprechen. Der Beginn der Trockenzeit, in der die lebensnotwendigen Wasserlöcher austrocknen, zwingt die Grasfresser, sich neue Weidegründe zu suchen. So beginnt eines der beeindruckendsten Naturschauspiele in der Serengeti – die große Wanderung. Sich zunächst nach Westen, dann nach Norden wendend, beschreiben unter anderem Gnus und Zebras einen Kreis, der sie mit der Regenzeit in die Savannen im Süden zurückbringt.

Mythos Elefantenfriedhof

Lange Zeit geisterten Elefantenfriedhöfe durch afrikanische Geschichten. Das sollten Sumpfgebiete sein, in die sich die grauen Riesen angeblich seit Jahrtausenden zurückzogen, um in Würde zu sterben. Wer einen solchen Friedhof fände, könnte dank der riesigen Menge an Stoßzähnen reich werden. Diese Elefantenfriedhöfe gehören ins Reich der Legenden. Es gibt jedoch zahlreiche Beobachtungen, dass Elefanten mehrere Stunden oder Tage bei einem verstorbenen Artgenossen Wache halten und den Leichnam mit Zweigen und Ästen bedecken.

Die gemeinsame Geschichte von Mensch und Elefant ist lang; sie begann schon vor 4000 – 5000 Jahren mit der Zähmung des Asiatischen Elefanten (*Elephas maximus*) in Indien. Aber auch Afrikanische Elefanten wurden bereits früh in die Dienste des Menschen genommen: So hielten schon die Karthager Elefanten, und Hannibal überquerte 220 v. Chr. höc hstwahrscheinlich mit Afrikanischen Elefanten (*Loxodonta africana*) die Alpen, um die Römer in Angst und Schrecken zu versetzen.

Der Afrikanische Elefant: mächtigstes Landtier der Erde

Afrikanischer Elefant
Loxodonta africana

Klasse Säugetiere
Ordnung Rüsseltiere
Familie Elefanten
Verbreitung in Savannen, Grasländern, Wäldern und Halbwüsten Afrikas, auch in den Bergen bis maximal 5000 m Höhe
Maße Kopf-Rumpf-Länge: 6–7,5 m
Standhöhe: bis 4 m
Gewicht bis 7,5 t
Nahrung hauptsächlich Gras, aber auch Blätter, Früchte, Wurzeln, Rinde und Äste
Geschlechtsreife mit 8–10 Jahren
Tragzeit etwa 22 Monate
Zahl der Jungen 1, selten 2
Höchstalter 50–70 Jahre

Elefantenherden sind ständig auf Futtersuche.

Die grauen Riesen der Savanne

Heute beschränkt sich die Verbreitung von Afrikanischen Elefanten vorwiegend auf Reservate in Savannen- und Steppengebieten südlich der Sahara. Sie sind die gewichtigsten und nach den Giraffen größten Landtiere der Erde. Beide Geschlechter tragen Stoßzähne, die bis zu 3,5 m lang und pro Zahn über 50 kg schwer werden können. Steppenelefanten haben säulenartige Beine mit außerordentlich stabilen Knochen. Dabei treten die Kolosse, die sich gewöhnlich im Passgang fortbewegen, nur mit den Zehenspitzen auf, wobei ein dickes gallertiges Sohlenpolster als »Stoßdämpfer« fungiert. Trotz ihres massigen Körperbaus sollen sie Spitzengeschwindigkeiten von 40 km/h erreichen können.

Allzweckwerkzeug: Rüssel und Stoßzähne

Der charakteristische Rüssel ist aus einer Verschmelzung von Nasen- und Oberlippenmuskulatur entstanden und trägt am Ende zwei fingerartige Fortsätze. Ein Elefantenrüssel wird von fast 50 000 Muskeln bewegt und kann Gras abweiden, Laub abpflücken und sogar eine Erdnuss vom Boden aufnehmen. Er dient zudem zum Aufsaugen von Wasser, das anschließend ins Maul gespritzt wird. Beim Durchqueren von Gewässern ist der Rüssel ein Schnorchel, im Alltag wird er zum Grüßen, Streicheln und Drohen und für die Staubbäder gebraucht. Die Stoßzähne dienen als Waffen, zum Schälen von Baumrinde und als Grabwerkzeug.

Bei Rivalenkämpfen werden auch die Stoßzähne eingesetzt.

Die Bezeichnung »Dickhäuter« verdanken die Tiere ihrer zwei bis vier Zentimeter dicken, fast nackten Haut. Sie ist jedoch sehr empfindlich, weshalb Elefanten nicht einmal die Dienste von Madenhackerstaren auf ihrem Rücken dulden. Hautpflege wird mit Suhlen, Scheuern, Sand- und Schlammbädern betrieben.

Gejagte Nomaden

Elefanten sind reine Pflanzenfresser, aber dabei nicht wählerisch: Neben Gräsern und

Elefantendung ist für Pillendreher (Gattung Scarabaeus) die perfekte Kinderstube.

Laub stehen auch Wurzeln, Früchte, Rinde und Äste auf ihrem Speisezettel. Sie verbringen täglich 18–20 Stunden mit Äsen. Da Elefanten nicht nur sehr schwer, sondern auch schlechte Futterverwerter sind, benötigen sie pro Tag ca. 75–150 kg Futter und ca. 80–160 l Flüssigkeit. Schätzte man um 1935 die afrikanischen Elefantenbestände auf rd. 4 Mio. Tiere, geht man heute von nur noch rd. 500 000 Wildelefanten aus – immerhin weitestgehend stabilisierte Populationen. Allein die Jagd nach Elfenbein forderte jedes Jahr 100 000 tote Elefanten.

Im Zentrum der Herde: die Leitkuh

Die soziale Kerngruppe von Elefantenherden ist der Familienverband aus miteinander verwandten Weibchen und ihrem Nachwuchs. Er wird von dem ältesten und erfahrendsten Weibchen (Leitkuh) geführt. Innerhalb einer Familiengruppe, die aus rund einem Dutzend Tieren besteht, pflegen die Tiere ein hohes Maß an sozialem und körperlichem Kontakt. In der Regenzeit schließen sie sich teilweise zu lockeren größeren Verbänden (200 Tiere und mehr) zusammen.
Elefanten werden mit acht bis zehn Jahren geschlechtsreif. Sie pflanzen sich das ganze Jahr hindurch fort. Alle drei bis vier Jahre bringt eine Elefantenkuh nach einer Tragzeit von fast zwei Jahren ein Junges zur Welt.

Bullen in Musth

Mit Eintritt der Pubertät verlassen junge Bullen die Herde (während junge Weibchen bleiben) und schließen sich mit anderen Jungbullen zu Junggesellenverbänden zusammen; auch erwachsene Bullen können in kleineren Gruppen zusammenleben und zeitweilig enge soziale Kontakte untereinander pflegen. Ständig auf der Suche nach brünstigen Kühen ziehen die Bullen umher. Kommen Bullen in höherem Alter in die Musth (einen besonderen Zustand sexueller Erregung, der durch die Abgabe eines dunklen, stark riechenden Drüsensekrets an den Schläfen angezeigt wird), verhalten sie sich besonders aggressiv. Sie fressen kaum und kämpfen häufiger mit anderen Bullen um das Paarungsrecht, wobei es immer wieder zu Todesfällen kommt.

Kommunikation per Infraschall

Jedermann kennt das charakteristische »Trompeten« der Elefanten, und seit langem ist bekannt, dass Elefanten zwar schlechte Augen, aber ein ausgezeichnetes Gehör besitzen. Sie unterhalten sich über ein breites Frequenzspektrum, das von höchsten Flötentönen bis zum tiefsten Kontrabass reicht. Besonders wichtig ist für sie vermutlich der Hörbereich unterhalb der menschlichen Hörgrenze (Frequenzen unter 10 Hz). Mithilfe dieser Infraschalltöne, die erhebliche Lautstärken erreichen, können Afrikanische Elefanten über Distanzen von vielen Kilometern hinweg »Ferngespräche« führen. Vermutlich tauschen sie per akustischer Kommunikation mit Artgenossen wichtige Informationen aus. Diskutiert wird, ob auch die Koordination der Wanderungen von Elefantenherden hiermit zusammenhängt.

Schlammbäder schützen die empfindliche Elefantenhaut von Jung und Alt.

Die Pflanzen der Savanne bieten den Nashörnern ausreichend Nahrung.

Das Spitzmaulnashorn: Riese mit düsterer Zukunft

Nashörner sind nach ihrem hervorstechenden Merkmal benannt: ihrem Nasenschmuck. Die beiden Hörner der Spitzmaulnashörner (*Diceros bicornis*) sind ausgezeichnete Verteidigungswaffen und unverzichtbar für Bullen in Rivalenkämpfen – doch gerade diese Wahrzeichen könnten ihnen zum Verhängnis werden.

Spitzmaulnashorn
Diceros bicornis

Klasse Säugetiere
Ordnung Unpaarhufer
Familie Nashörner
Verbreitung vorwiegend in Afrikas Busch- und Savannengebieten
Maße Kopf-Rumpf-Länge: bis 3,2 m
Standhöhe: bis 1,8 m
Gewicht bis 1,5 t
Nahrung Blätter, Knospen und Zweige von Sträuchern und kriechenden Pflanzen
Geschlechtsreife Weibchen mit 4, Männchen mit 8 Jahren
Tragzeit etwa 450 Tage
Zahl der Jungen 1
Höchstalter etwa 40 Jahre

Die asiatische Verwandtschaft

Die afrikanischen Nashornarten haben heute noch drei lebende asiatische Verwandte, deren Fortbestand stark gefährdet ist:

- Das fast 4 m lange, einhornige Indische Panzernashorn (*Rhinoceros unicornis*) mit einem Bestand von ca. 2000 Tieren.
- Das Java-Nashorn (*Rhinoceros sondaicus*), von dem inzwischen nur noch ca. 75 Tiere leben.
- Das zweihornige Sumatra-Nashorn (*Dicerorhinus sumatrensis*) mit einem Gesamtbestand von weniger als 300 Tieren.

Das Sumatra-Nashorn lebt im dichten Regenwald. Es wird ca. 2,5 m lang.

Urzeitliche Kolosse

Die heutigen Nashörner sind Relikte einer längst vergangenen Glanzzeit. Vor 40 Mio. Jahren waren auch Europa und Nordamerika von Nashörnern besiedelt. Es gab mehr als 100 verschiedene, teilweise hornlose Arten, darunter Riesenformen, die zu den größten Landsäugern zählten. Heute ist diese einstige Artenfülle auf fünf Arten zusammengeschrumpft – zwei in Afrika und drei in Asien.

Spitzmaulnashörner leben heutzutage vorwiegend in Schutzgebieten südlich der Sahara; man findet sie sowohl in Bergwäldern als auch im trockenen Buschland, wobei sie Übergangszonen zwischen Wald- und Grasland bevorzugen. Die vorwiegend tagaktiven Unpaarhufer sind eindrucksvolle Gestalten: Bullen können eine Länge von 3,20 m und eine Schulterhöhe von 1,80 m erreichen und 1,5 t wiegen; die Weibchen sind bei dieser Art kaum kleiner. Spitzmaulnashörner können gut hören und orientieren sich vorwiegend mit ihrem Geruchssinn, ihr Gesichtssinn ist nur gering entwickelt. Wie ihre Verwandten sind Spitzmaulnashörner reine Pflanzenfresser. Neben einem mächtigen Appetit haben sie einen großen Wasserbedarf, können bei Dürre aber auch einige Tage ohne Wasser auskommen. Gern suhlen sich die Tiere im Schlamm. Die Schlammbäder dienen nicht nur der Abkühlung, die trocknende Lehmschicht bietet auch vor Blut saugenden Insekten Schutz: Spitzmaulnashörner haben zwar eine dicke Haut, doch die Blutgefäße verlaufen dicht unter der Oberfläche.

Revierbesitzers ein, so nähert dieser sich ihm meist langsam und drohend. Macht der Fremde keine Anstalten abzudrehen, zeigen ein drohendes Scharren mit den Hinterfüßen und ein rasches Vorpreschen das nächste Stadium der Eskalation an. Macht der Eindringling dann kehrt und zieht ab, markiert der Revierbesitzer den Platz seines Sieges mit reichlich Urin. Gibt der Herausforderer hingegen nicht nach, so kann sich ein Kampf auf Leben und Tod entwickeln; die Verlustrate durch Rivalenkämpfe ist bei Spitzmaulnashörnern höher als bei allen übrigen Nashornarten.

1

2

Einzelgänger mit gelegentlichem Kontaktbedürfnis

Zwar sind erwachsene Spitzmaulnashörner einzelgängerisch, doch nicht völlig ungesellig. Zumindest die Weibchen nehmen hin und wieder friedlich Nasenkontakt mit anderen Weibchen in ihrem Streifgebiet (ca. 3 km² in Waldgebieten, 90 km² in trockenen Habitaten) auf. Die kleinste Familieneinheit ist eine Kuh mit ihrem jüngsten Kalb. Gelegentlich schließen sich mehrere Mutter-Kind-Gruppen zusammen.
Ganz anders die Bullen: Fast alle sind Junggesellen, wenn sie nicht gerade ein brünstiges Weibchen begleiten. Sobald sie alt genug sind, versuchen sie ein Revier zu erobern. Dringt ein anderer Bulle in das Gebiet eines

Enge Bindung zwischen Mutter und Kind

Die einzige enge Bindung, die Spitzmaulnashörner eingehen, ist diejenige zwischen Mutter und Kind. Die Tiere paaren sich ganzjährig und zum Teil ziemlich laut und ungestüm. Nach einer Tragzeit von etwa 450 Tagen bringt eine Nashornkuh jeweils nur ein Junges zur Welt, das zwei Jahre lang gesäugt wird. Die Jungen sind gerade in der ersten Zeit von Löwen und Tüpfelhyänen bedroht. Sie werden von ihren Müttern nicht aus den kurzsichtigen Augen gelassen und bei Gefahr mit Einsatz aller Kräfte verteidigt. Diese enge Bindung endet, wenn die hochträchtige Kuh das Halbwüchsige vor der Geburt des nächsten Kalbes vertreibt.

Der Fluch des Horns

Heute gibt es von Spitzmaulnashörnern nur noch wenige, oft weit verstreute Bestände. Neben der Schrumpfung ihres Lebensraumes und landwirtschaftlichen Kultivierungsmaßnahmen wird ihnen vor allem ihr Horn zum Verhängnis: In Asien gilt das pulverisierte Horn als wichtiger Bestandteil der traditionellen Medizin, in Nordafrika und im Mittleren Osten werden daraus Dolchgriffe geschnitzt. Ein solches Horn wird buchstäblich mit Gold aufgewogen und die Fantasiepreise haben nach der Dezimierung der asiatischen

Arten auch in Afrika zu einer organisierten Wilderei geführt.

In Afrika leben heute noch etwa 2400 Spitzmaulnashörner; der größte Teil von ihnen in Nationalparks. Von dem einst weit verbreiteten afrikanischen Breitmaulnashorn (*Ceratotherium simum*) existieren heute nicht einmal mehr 8000 Stück; während der Bestand der südlichen Unterart (*Ceratotherium simum simum*), die vorwiegend in Südafrika lebt, dank intensiver Schutzmaßnahmen vorläufig gesichert scheint, ist die nördliche Unterart (*Ceratotherium simum cottoni*) auf ca. 20 Tiere im Garamba-Nationalpark (Kongo) zusammengeschmolzen. Die Zukunft der asiatischen Nashornarten sieht noch schlechter aus.

Spitzmaul und Breitmaul

Das Spitzmaulnashorn verdankt seinen Namen seiner fast fingerartig verlängerten Oberlippe. Da es weder über Schneide- noch Eckzähne verfügt, ergreift es Zweige und Blätter mit den Lippen. Bevorzugt werden dabei Akazien, Wolfsmilchgewächse und krautige Stauden. Ein Leckerbissen für Spitzmaulnashörner sind die großen,

wurstförmigen Früchte des Leberwurstbaumes. Gras spielt auf seinem Speiseplan kaum eine Rolle. Ganz anders die zweite afrikanische Nashornart. Das ebenfalls mit zwei Hörnern geschmückte Breitmaulnashorn *(Ceratotherium simum)* ist größer und ein wenig heller als das Spitzmaulnashorn. Sein Maul weist breite, fast quadratische Lippen auf. Das Breitmaulnashorn ist ein Weidegänger und speziell ans Fressen von Gras angepasst, von dem es mit seiner flachen Lippe große Büschel abreißen kann. Beide Arten machen sich also auch da, wo sie im selben Habitat vorkommen, bei ihrer Nahrung keine Konkurrenz.

(1) *Bei den manchmal tödlichen Rivalenkämpfen setzen Spitzmaulnashörner ihre Hörner als gefährliche Waffen ein.*

(2) *Madenhackerstare haben von den reizbaren Kolossen nichts zu fürchten, befreien sie diese doch von Parasiten und Krankheitserregern.*

(3) *Das einzige Junge wird von der Mutter aufmerksam bewacht und bei Gefahr heftig verteidigt.*

(4) *Die verlängerte Oberlippe des Spitzmaulnashorns ist ein perfektes Greifwerkzeug.*

Giraffen: Wahrzeichen der Savanne

Giraffen kann man einfach nicht übersehen: Mit einer Kopfhöhe von bis zu 5,8 m (Männchen) bzw. 4,5 m (Weibchen) sind sie die längsten Landsäuger überhaupt. Beide Geschlechter tragen kurze Stirnzapfen und eine markante kastanienbraune Fellzeichnung.

Giraffe
Giraffa camelopardalis

Klasse Säugetiere
Ordnung Paarhufer
Familie Giraffen
Verbreitung Afrika südlich der Sahara
Maße Kopf-Rumpf-Länge: 3,8–4,7 m, Kopfhöhe bis zu 5,8 m
Gewicht bis zu 1200 kg
Nahrung Blätter, Zweige, Blüten, Samenkapseln (von Akazien)
Geschlechtsreife mit 3–5 Jahren
Tragzeit 15 Monate
Zahl der Jungen 1
Höchstalter ca. 25 Jahre

Perfekte Wachposten

Der muskulöse Hals ist im Vergleich zu den Beinen überproportional lang, enthält aber wie bei allen Säugern nur sieben – sehr lang gestreckte – Halswirbel. Ihre Größe verschafft Giraffen in den Akazien- und Buschsavannen südlich der Sahara, in denen sie leben, einen hervorragenden Rundblick. Wegen ihrer scharfen Augen und ihrer Wachsamkeit sind sie auch bei Gnus und Zebras, mit denen sie sich häufig vergesellschaften, sehr geschätzt. Giraffenmütter stehen ständig im Blickkontakt mit ihren Jungen, die besonders durch Löwen und Tüpfelhyänen gefährdet sind.

Ihr hochbeiniger Bau mit dem langen Hals ermöglicht Giraffen nicht nur eine gute Fernsicht, sondern eröffnet ihnen auch Nahrungsquellen im Kronenbereich von Bäu-

Giraffen müssen, wenn sie trinken wollen, die Beine weit auseinander spreizen und sind in dieser Haltung besonders angreifbar.

Alle steppenlebenden Giraffen gehören zu einer einzigen Art, der Langhals- oder Steppengiraffe (Giraffa camelopardalis).

men, also 4 – 5 m über dem Boden, an die kein anderer bodenlebender Pflanzenfresser heranreicht.

Lieblingsspeise Akazien

Giraffen sind Nahrungsspezialisten. Sie ernähren sich bevorzugt von Blättern, Zweigen, Blüten und Samenkapseln von Akazien. Pro Tag benötigt ein erwachsenes Tier ca. 80 kg Pflanzennahrung. Dank der verlängerten Schnauze und der über 40 cm langen blauen, sehr beweglichen Zunge können die Blätter gezielt ergriffen und ins Maul gezogen werden. Stets wählen die Tiere die jüngsten und frischesten Schösslinge, Blätter und Triebe aus, die viel Wasser enthalten; so können sie aufs Trinken verzichten. Bei Bedarf suchen sie aber auch Wasserstellen auf. Ihren Mineralstoffbedarf decken Giraffen in manchen Regionen dadurch, dass sie alte Knochen kauen und Erde fressen.

Giraffen sind tag- und nachtaktiv; die heißen Mittagsstunden verbringen sie meist liegend mit Wiederkäuen. Nachts im Tiefschlaf, der stets nur wenige Minuten dauert, stützt die liegende Giraffe ihren nach hinten gebogenen Hals mit dem Kopf ab.

Lockere Bindungen

Giraffen leben gesellig: Giraffenkühe und ihre unterschiedlich alten Kälber ziehen in kleinen Verbänden umher, nur selten findet man 20 und mehr Tiere beieinander. Im Gegensatz zu vielen anderen großen Pflanzenfressern bilden Giraffen jedoch keine stabilen Gruppen; immer wieder verlassen einzelne Tiere den Verband, während sich neue hinzugesellen. Auf ihrer Nahrungssuche durchstreifen Kühe ein Gebiet von bis zu 300 km^2; dabei hilft ihnen, dass sie relativ unabhängig vom Wasser sind. Gehend bewegen sich die Tiere im Passgang (die Beine einer Körperseite werden gleichzeitig bewegt); im Galopp (Kreuzgang) können sie Geschwindigkeiten von 50 km/h und mehr erreichen.

Ausgewachsene Männchen ziehen meist allein umher, besuchen die Weibchengruppen und prüfen am Urin der Kühe, ob diese paarungsbereit sind. Eine feste Paarungszeit gibt es nicht. Beim Kampf um das Weibchen liefern sich die Bullen manchmal heftige Gefechte, bei denen die Stirnzapfen in die Seite des Rivalen gerammt werden.

Nach einer Tragzeit von knapp 15 Monaten wirft die Giraffenkuh ein einziges Kalb, das bereits 100 kg wiegt und aus einer Höhe von 2 m auf den Boden stürzt. Schon nach einer halben Stunde hat es sich aufgerappelt und kann seiner Mutter folgen. Manchmal bilden sich in einer Herde »Kindergartengruppen«, die oft von mehreren Weibchen verwahrt werden. Falls die Jungtiere angegriffen werden, wehren die Weibchen den Räuber mit kräftigen Huftritten ab; dennoch fallen immer wieder Jungtiere Löwen und Hyänen zum Opfer. Wenn die jungen Männchen heranwachsen, kann man oft beobachten, wie sie ihre Rangordnung innerhalb der Gruppe durch »Halsdrücken« feststellen. Geschlechtsreif werden Giraffen mit drei bis fünf Jahren, ausgewachsen sind sie jedoch erst mit acht bis zehn Jahren.

Warum werden Giraffen nicht ständig ohnmächtig?

Langhalsige Tiere wie Giraffen stehen vor dem schwierigen Problem, für eine konstante Durchblutung ihres Gehirns unabhängig von ihrer Körperhaltung sorgen zu müssen. In aufrechter Haltung befindet sich ihr Kopf 4 – 5 m über dem Erdboden und mehr als 2 m über dem 12 kg schweren Herzen. Sie müssen vermeiden, dass ihnen das Blut beim Senken des Halses, z.B. beim Trinken, in den Kopf schießt und beim Wiederaufrichten in der unteren Körperhälfte versackt, so dass sie wegen Mangeldurchblutung des Gehirns ohnmächtig werden. Um dieses Problem zu bewältigen, haben Giraffen ungewöhnlich dicke, muskulöse Arterienwände entwickelt, und ihre Venen – besonders die großen Halsvenen – sind mit stabilen Ventilklappen ausgestattet, um ein Versacken des Blutes zu verhindern.

Giraffengazellen sind tagaktiv; geäst wird vorwiegend in den frühen Morgen- und Abendstunden.

Gazellen gelten als zierlich, schlankbeinig und großäugig, und auch Giraffengazellen oder Gerenuks (*Litocranius walleri*) entsprechen diesem Bild. Ihr auffälligstes Merkmal ist ihr langer, schlanker Hals, dem sie ihren deutschen Namen verdanken. Die Männchen, die eine Widerristhöhe von ca. 1 m und ein Gewicht von 50 kg erreichen können, tragen geringelte leierförmige Hörner; die Weibchen sind kleiner und ungehörnt.

Giraffengazellen: schlanke Schönheiten

Eine exklusive Futterquelle

Giraffengazellen sind in den Dornbuschsteppen und Trockenwäldern im Horn von Afrika, d.h. in Äthiopien, im Nordosten von Kenia und in Somalia, zu Hause. Diese grazilen Gazellen gehören wohl zu den Hornträgern mit dem geringsten Wasserbedarf. Sie decken ihren Flüssigkeitsbedarf in der Regel über ihr Futter und konnten so auch Trockengebiete als Lebensraum erschließen.

Giraffengazellen ernähren sich von jungen Blättern, Schösslingen, Knospen und Blüten. Dabei bevorzugen sie Akaziengewächse; Gras und krautige Pflanzen werden nur selten verzehrt. Fast einzigartig ist, dass sie sich beim Laubäsen auf die Hinterläufe stellen und ihren Schwerpunkt so gut ausbalancieren können, dass sie keinen zusätzlichen Halt brauchen. Dank ihrer langen Beine bei gestrecktem Hals eröffnen sie sich Nahrungsquellen in 2 – 2,6 m Höhe. Dort haben sie die exklusiven Futterrechte: Andere Antilopen reichen nicht so weit hinauf, und Giraffen beugen sich nicht so tief hinunter.

Sicher in der Herde

Giraffengazellen sind gesellig, bilden aber anders als viele Antilopenarten nur kleine Herden von vier bis zehn Tieren (Weibchen mit Kälbern), die von einem Bock angeführt werden. Die Herden sind standorttreu; ältere Böcke sind territorial und besetzen ein Revier, das mit 130 – 340 ha größer als das von anderen Gazellenarten ist. Dieses Revier wird von den erwachsenen Tieren markiert. Jüngere Männchen werden von den Altböcken vertrieben und finden sich zu Junggesellentrupps zusammen, bis sie alt und kräftig genug sind, selbst ein Revier zu erobern und sich einen Harem zuzulegen. Giraffengazellen sind sie sehr wachsam. Erwachsene Tieren fallen vorwiegend Leoparden zum Opfer; Jungtieren können Servale, Karakale und Kampfadler gefährlich werden. Die Herde bietet Schutz, da die Gruppe ständig nach Feinden Ausschau hält. Dabei sind die Augen und Ohren dauernd in Bewegung. Warnlaute sind ein Summen oder Pfeifen.

Unauffälligkeit als Überlebensstrategie

Nähert sich ein Räuber, so ergreifen die Tiere nicht etwa wie die meisten anderen Antilopen die Flucht, sondern versuchen, sich möglichst unsichtbar zu machen. Durch ihr rötlich braunes Fell sind Giraffengazellen gut getarnt und verschmelzen, wenn sie zur Bewegungslosigkeit erstarren, farblich mit ihrer Umgebung. Je nach Entfernung des Räubers versuchen sie möglichst geduckt in einem Dickicht Deckung zu finden. Kommt der Räuber ihnen zu nahe, brechen sie plötzlich aus dem Gebüsch hervor und fliehen in weiten Sprüngen.

Beim Paarungsvorspiel zeigt der Bock gazellentypisches Verhalten: Er verfolgt die Geiß in hochgereckter Treibhaltung, versetzt ihr immer wieder Tritte gegen die Beine und reitet schließlich auf. Die Geißen werfen nach sechs bis sieben Monaten ein Kitz und verzehren sofort die Nachgeburt. So wird vermieden, dass Räuber Hinweise auf die erfolgte Geburt und das hilflose Junge erhalten. Das Kitz ist ein sog. Ablieger, d.h., es entfernt sich nach dem Säugen von der Mutter und sucht einen geschützten Ort auf, wo es regungslos liegen bleibt.

Giraffengazelle
Litocranius walleri

Klasse Säugetiere
Ordnung Paarhufer
Familie Hornträger
Verbreitung Äthiopien, Nordosten von Kenia, Somalia
Maße Kopf-Rumpf-Länge: 140–160 cm
Gewicht 30–50 kg
Nahrung Blätter, Schösslinge, Knospen, Blüten
Geschlechtsreife Männchen mit 18 Monaten, Weibchen mit 9
Tragzeit 6–7 Monate
Zahl der Jungen 1
Höchstalter 10–12 Jahre

(1) *Aufrecht stehend wie ein Zweibeiner, erreichen Giraffengazellen auch höhere Äste.*

(2) *Bei den Giraffengazellen tragen nur die Männchen Hörner.*

Impala oder Schwarzfersenantilope

Impalas oder Schwarzfersenantilopen (*Aepyceros melampus*), wie sie wegen der schwarzen Haarbüschel über dem Fesselgelenk der Hinterbeine auch genannt werden, sind in den Baumsavannen des südlichen Afrika häufig zu sehen. Früher wurde die Art wegen ihres grazilen Äußeren zu den Gazellen gezählt, heute stellt man sie in den Verwandtschaftskreis der Pferdeböcke (Unterfamilie *Hippotraginae*).

Elegante Weitspringer

Impalas leben meist in Herden von 15 bis 100 Tieren; je nach Nahrungsangebot finden sich auch größere Verbände zusammen. Im offenen Gelände, aber auch an Wasserstellen müssen die grazilen Antilopen vor zahlreichen Räubern wie Löwen, Leoparden, Geparden, Hyänen und Krokodilen auf der Hut sein. Daher sind die wenig wehrhaften Impalas sehr wachsam. Droht Gefahr, flüchten sie sofort, wobei ihnen ihr außerordentliches Sprungtalent zugute kommt. In Bögen jagen sie mit bis zu 3 m hohen und 9 m weiten Sprüngen davon. Dabei stieben die Tiere oft in alle Richtungen auseinander, um den angreifenden Räuber zu verwirren. Während dieser noch überlegt, welchem Tier er folgen soll, sind die flinken Impalas längst über alle Berge.

Impala
Aepyceros melampus

Klasse Säugetiere
Ordnung Paarhufer
Familie Hornträger
Verbreitung Ost- und Südafrika
Maße Kopf-Rumpf-Länge: Männchen 125–160 cm, Weibchen 75–120 cm
Gewicht 40–90 kg
Nahrung Gräser, Krautpflanzen, Laub
Geschlechtsreife Männchen mit 1 Jahr, Weibchen mit 2 Jahren
Tragzeit 7 Monate
Zahl der Jungen 1
Höchstalter bis 15 Jahre

Nahrung je nach Angebot

Impalas kommen in Ostafrika und im südlichen Afrika vor; sie sind weiter verbreitet als eine andere Pferdebockart. Das liegt auch daran, dass sie sich je nach Jahreszeit anders ernähren. Studien haben gezeigt, dass sie ihren Lebensraum – Galeriewälder und Baumsavannen – saisonal unterschiedlich nutzen: In der Regenzeit ernähren sich Impalas zu 94 % von Gras, in der Trockenzeit hingegen zu 69 % von Krautpflanzen und Laub. Deshalb können sie standorttreu sein und das ganze Jahr in relativ kleinen Habitaten von bis zu 4,5 km^2 Größe zu verbringen, ohne auf Futter zu verzichten. Wichtig für die kleinen Antilopen sind gut erreichbare Wasserstellen: Selten entfernen sich die Herden weiter als 8 km vom nächsten Wasserloch, denn diese Wiederkäuer haben einen hohen Flüssigkeitsbedarf.

Territorial nur in der Regenzeit

Das Sozialleben der Impalas hängt von der Jahreszeit ab, zumindest bei älteren Männchen. Während die Weibchen und Jungtiere ganzjährig ortstreue Familiengruppen bilden und junge Männchen in Junggesellengruppen leben, besetzen ältere Böcke während der Regenzeit Territorien, die sie markieren und heftig gegen Rivalen verteidigen. Dabei kommt es zur Paarungszeit im April/Mai zu schweren Hornkämpfen, denn nur Revierbesitzer können sich fortpflanzen.

Bei Weibchen hängt der Fortpflanzungserfolg davon ab, dass sie während ihrer Trächtigkeit und bei der Aufzucht genügend Nahrung finden, bei Männchen hingegen, dass sie viele Weibchen begatten. Wenn nach einer Tragzeit von rund sieben Monaten die Geburt bevorsteht, entfernt sich das Weibchen von der Herde und bringt im Verborgenen sein Kitz zur Welt. Nach ein bis zwei Tagen gesellen sich Mutter und Neugeborenes wieder zur Herde. Weibchen werden mit ca. zwei Jahren geschlechtsreif, Männchen bereits mit einem Jahr, doch sie werden von den älteren Böcken an der Fortpflanzung gehindert und müssen sich erst ein eigenes Revier erkämpfen, bevor sie sich paaren können.

Heute gilt der Impalabestand als ungefährdet. In einigen Teilen ihres Verbreitungsgebietes, in dem sie bereits ausgerottet waren, konnten sie erfolgreich wiederangesiedelt werden. Allein im südlichen Afrika lebt mehr als eine Million dieser hübschen Antilopen.

1 Das Sprungvermögen der zierlichen Impalas ist imponierend.

2 Ein Impalabock mit seinem Harem. Die Böcke tragen ein leierförmiges, bis zu 90 cm langes Gehörn, die Weibchen sind ungehörnt.

3 Gepardinnen treiben ihren Jungen oft ein Impala-Kitz zu, um deren Jagdinstinkt zu schulen.

Drohend entblößt der Flusspferdbulle seine langen, dolchartigen Eckzähne.

Flusspferde: gewaltige Kolosse

Flusspferde sind gewaltige Kreaturen, die es nur in Afrika gibt: Mit einer Länge von 4,5 m und einem Gewicht von über 3 t sind die gedrungenen, kompakt gebauten Bullen die größten Süßwasserbewohner überhaupt. Zur Abgrenzung gegenüber ihrem einzigen Verwandten, dem Zwergflusspferd (*Choeropsis liberiensis*), werden sie auch als Großflusspferde (*Hippopotamus amphibius*) bezeichnet.

Leben im Wasser

Diese walzenförmigen Dickhäuter haben zwar eine mehrere Zentimeter dicke Haut; diese ist aber nackt und sehr empfindlich und lässt, ungeschützt in der Sonne, sehr viel Feuchtigkeit verdunsten. Um Austrocknung und Überhitzung zu vermeiden, sind die Tiere gezwungen, einen großen Teil des Tages im kühlenden Bad zu verdösen. Im Laufe ihrer Stammesgeschichte haben Flusspferde zahlreiche Anpassungen an das Wasserleben entwickelt. Nasenlöcher, Augen und Ohren sitzen oben am Kopf, so dass sie aus dem Wasser ragen können. So bleiben die Tiere über alles informiert, was in der Umgebung vor sich geht und können problemlos atmen. Taucht ein Flusspferd ab, kann es Ohr- und Nasenöffnungen verschließen, so dass kein Wasser eindringt; nur die Augen sind offen.

Trotz ihrer rundlichen Figur haben Flusspferde nur relativ wenig Fettpolster. Dafür dient die dicke Haut als Isolierschicht, die die Körpertemperatur innerhalb wie außerhalb des Wassers konstant hält. Als Anpassung an das Wasser gelten auch die kleinen Schwimmhäute zwischen den Zehen.

Ob Flusspferde gute oder schlechte Schwimmer sind, darüber gehen die Meinungen stark auseinander. Der Zoologe Hans Klingel, der die Tiere jahrelang beobachtet hat, hält sie eher für »Unterwasserläufer«, die zwar im Wasser sehr beweglich sind, aber Bodenkontakt benötigen. Wenn sie sich in tiefem Wasser fortbewegen, laufen sie – durch den Auftrieb des Wassers fast gewichtslos – behände über den Boden und stoßen sich in regelmäßigen Abständen ab, um aufzutauchen und zu atmen; sie können etwa fünf Minuten unter Wasser bleiben, so der Forscher. Flusspferde bevorzugen ruhiges Wasser; ob sie auch breite, tiefe und schnell strömende Gewässer durchqueren, ist unbekannt. Dazu konnten bisher keine entscheidenden Beobachtungen gemacht werden.

Nilpferd oder Flusspferd?

Die alten Ägypter kannten Flusspferde sehr gut. Sie verehrten die Giganten als Gottheiten: Eine ihrer Göttinnen, Taweret, wurde als Mischwesen – halb Flusspferd, halb Mensch – dargestellt. Die Bezeichnung »Nilpferd«, wie das Flusspferd auch genannt wird, hat historische Gründe: Die ersten nach Europa eingeführten Tiere stammten vom Unterlauf des Nils.

Flusspferd
Hippopotamus amphibius

Klasse Säugetiere
Ordnung Paarhufer
Familie Flusspferde
Verbreitung Afrika südlich der Sahara
Maße Kopf-Rumpf-Länge: bis zu 4,5 m
Gewicht über 3 t
Nahrung vorwiegend Gras
Geschlechtsreife mit 5–8 Jahren
Tragzeit 8 Monate
Zahl der Jungen 1
Höchstalter 35 Jahre, im Zoo 45 Jahre

Leben an Land

In der Abenddämmerung verlassen die Flusspferde das kühle Nass und begeben sich über feste Wechsel, die sie mit Kot markieren, auf Nahrungssuche. Während ihre Schwimmkünste möglicherweise überschätzt werden, wird ihre Behändigkeit an Land wegen ihres plumpen, walzenförmigen Körpers und der kurzen Beine häufig unterschätzt. Flusspferde können schneller laufen als ein Mensch und erreichen Geschwindigkeiten bis zu 40 km/h.

Um ihre täglich benötigte Futtermenge von 25 bis 40 kg aufzunehmen, müssen Flusspferde fast sechs Stunden pro Nacht fressen. Sie sind (fast) reine Pflanzenfresser, die mit ihrem breiten Maul Gras bis auf wenige Zentimeter über dem Boden abweiden; Wasserpflanzen werden mit Ausnahme von Nilsalat (*Pistia stratiotes*) kaum gefressen.

»Blutende« Flusspferde

Flusspferde sondern über Schleimdrüsen eine klebrige, klare Substanz ab, welche an der Luft erst eine rötliche Färbung annimmt und später in braune Verbindungen zerfällt. Bei dem Sekret handelt es sich weder um Blut noch Schweiß, sondern um eine Pigmentmischung mit doppelter Wirkung: Zum einen kühlt sie die Haut und hilft bei der Wärmeregulation der massigen Tiere. Zum anderen dient sie offenbar als Sonnenschutz. Wenn die Tiere tagsüber einmal an Land gehen.

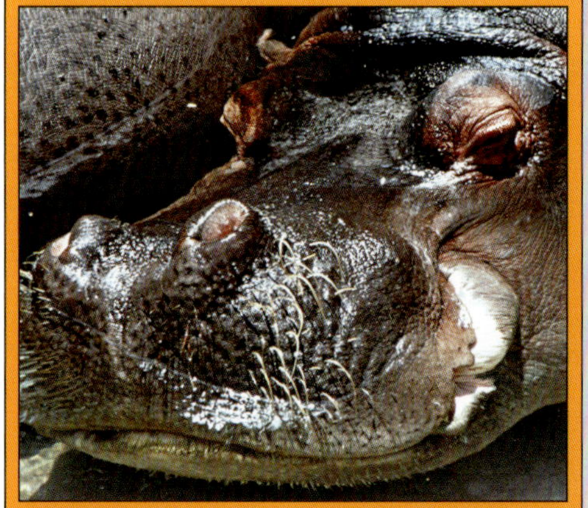

Ein öliges Sekret schützt die Haut der Flusspferde vor der intensiven Tropensonne.

Wichtige »Düngerfabriken«

Bei einem derartigen Nährstoffbedarf ist es nicht verwunderlich, dass große Flusspferdbestände die Vegetation ihres Lebensraumes prägen. Zum einen halten sie das Gras so kurz, dass Feuer hier keine Nahrung findet. Zum anderen bringt der Verzehr gewaltiger Mengen Gras in Kombination mit einer leistungsfähigen Verdauung eine gewaltige Kotproduktion mit sich. Ein gewisser Teil dieses Kotes wird an Land als Markierung abgesetzt und düngt die Vegetation, der weitaus größte Teil gelangt jedoch ins Wasser. Der Kot bildet die Basis eines Nahrungsnetzes, das von Mikroorganismen über Fische bis zu Vögeln und Menschen reicht.

Tagsüber gesellig, nachts eher ungesellig

Flusspferde sind ortstreue Tiere. Tagsüber im Wasser leben sie in geselligen Gruppen von bis zu 30 Tieren; nachts an Land sind sie eher einzelgängerisch, denn abgesehen von Kühen, die Kälber führen, geht jeder allein auf Nahrungssuche. Im Wasser bilden die Kühe und ihre Kälber lockere Verbände; ein Männchen erobert ein solches Wasserrevier und schwingt sich zum Leitbullen der Herde auf. Das gelingt nur etwa 10 % aller Männchen; untergeordnete Männchen können sich der Gruppe anschließen und werden vom Revierinhaber geduldet.

Gewichtiger Nachwuchs

Die Paarung, für die es keine bestimmte Jahreszeit gibt, findet gewöhnlich im Wasser statt. Nach einer für so große Tiere kurzen Tragzeit von acht Monaten bringt eine Flusspferdkuh gewöhnlich im flachen Wasser ein Kalb zur Welt, das bei seiner Geburt bereits ca. 45 kg wiegt. Oft versteckt sie ihr Junges ein paar Tage lang im Schilf, bis sie es zur Herde führt. Es kommt vor, dass neugeborene Kälber von Herdenmitgliedern getötet werden, besonders dann, wenn die Tragfähigkeit des Habitats an ihre Grenzen stößt. Das Junge wird unter Wasser gesäugt; zum Atmen kommt es an die Oberfläche.

Flusspferdkälber wachsen rasch heran und werden mit fünf bis acht Jahren geschlechtsreif. Die Lebensdauer der gewaltigen Kolosse beträgt in freier Wildbahn selten mehr als 35 Jahre; im Zoo können es 45 Jahre sein.

Bedrohte Riesen

Zu den Gefahren, denen Flusspferde heute ausgesetzt sind, gehört vor allem der Rückgang ihrer Weideflächen durch Landkultivierung, überhaupt das Schrumpfen ihres gesamten Lebensraumes aufgrund des Bevölkerungswachstums. Dadurch entstehen ständig Interessenkonflikte: Flusspferde werden zu Ernteschädlingen und dringen in Felder (vor allem in Reisfelder) ein, wo sie allein durch ihre Größe und ihr Gewicht einen Teil der Ernte vernichten. Werden sie dann verjagt, kann es zu (tödlichen) Zwischenfällen kommen: Gereizte Flusspferde gelten als außerordentlich gefährlich – zu Lande wie zu Wasser.

Hinzu kommt die Bejagung aus anderen Gründen, denn praktisch das ganze Tier ist verwertbar: Es liefert Fleisch, Fett und Knochenmehl, dazu kommen Haut und Zähne; und da die Tiere in größeren, wenn auch lockeren Verbänden weiden, sind sie für Jäger (und Wilderer) bei der heutigen Bewaffnung leichte Beute. Dennoch sind Flusspferde immer noch relativ häufig; ihr Gesamtbestand wird in ganz Afrika auf 160 000 bis 170 000 Tiere geschätzt, davon leben ca. 85 000 im südlichen Afrika und knapp 80 000 in Ostafrika; in Westafrika sind es jedoch weniger als 10 000 Tiere. Auf lange Sicht haben diese Kolosse wohl nur in gesicherten Schutzgebieten eine Überlebenschance.

(1)

Fast schwerelos können sich Flusspferde unter Wasser bewegen.

(2)

Nicht Wasserpflanzen, sondern Gras ist die Hauptnahrung der Flusspferde.

(3)

Auch so riesige, wehrhafte und an Land gar nicht langsame Tiere wie Flusspferde können einem Rudel hungriger Löwinnen nicht immer entkommen.

Weißbartgnus: unstete Wanderer

»Ein Tier mit dem Vorderteil eines Rindes, dem Hinterteil einer Antilope und dem Schwanz eines Pferdes«, so lautet eine treffende Beschreibung eines Gnus. Diese kräftigen Antilopen mit ihrer Nacken- bzw. Halsmähne und ihren gebogenen Hörnern durchziehen in teilweise riesigen Herden die afrikanischen Grasländer.

Im Kampf gegen Raubfeinde wehren sich die Bullen mit ihren Hörnern.

Ständig unterwegs

Weißbartgnus (*Connochaetes taurinus albojubatus*) verdanken ihren Namen ihrer hellen Mähne (»Bart«) an der Halsunterseite. Sie bevorzugen kurzgrasige Savannengebiete, wo sie auch Schatten und Trinkwasser finden. Die Huftiere, die sich vorwiegend von Gras ernähren, sind Nomaden und leben in Herden von 10 bis einigen 1 000, wenn nicht gar 10 000 Tieren. Durch ihre weiten Wanderungen, oft mit Zebras und anderen Antilopenarten, können sie sich die besten Futterplätze aussuchen. Heute findet man vor allem in der Serengeti noch große Herden. Zu Beginn der Trockenzeit wandern die Weißbartgnus in endlosen Reihen über 1 000 km nach Nordwesten, wobei sie sich auch von Flüssen nicht aufhalten lassen. Vor der Regenzeit kehren sie dann nach Südosten zurück.
Zu derartig weiten Wanderungen sind Gnus durch ihre Abhängigkeit von Wasser oder feuchtigkeitshaltiger Nahrung wie frischem Gras gezwungen.

Physiologisch sind Gnus als ausdauernde Langstreckenläufer an ihr Wanderleben hervorragend angepasst. Ihre langen Vorderbeine und der abfallende Rücken erlauben ihnen, vom Passgang in einen kurzen, leichten Galopp (Kanter) überzugehen, der viel weniger Energie kostet als der Trab anderer Huftiere.

Revier oder nicht, das ist die Frage …

Ihr Körperbau (lange Vorderbeine, abfallender Rücken) weist Gnus als ausdauernde Läufer aus.

Weißbartgnus bilden verschiedene Sozialverbände, u.a. Herden aus Kühen und ihren Kälbern, Junggesellengruppen jeden Alters und territoriale Bullen. Ein Revier ist für die Fortpflanzung der Männchen unabdingbar, denn nur Revierbesitzer kommen zur Paarung. Wie lange ein Bulle ein Territorium besetzt, hängt vom Verhalten der gesamten Gnupopulation in dem Lebensraum ab: Bei ortstreuen Populationen in Gebieten mit reichem Nahrungsangebot verhalten sich einige Bullen fast ständig territorial und verteidigen ihre Reviergrenzen heftig gegen Rivalen. Bei wandernden Herden besetzen sie hingegen nur kurzzeitig ein Revier und versuchen die durchziehenden Kühe zu begatten, um sich der Herde nach der Paarungszeit wieder anzuschließen.

Die Paarung erfolgt Mitte März bis Anfang April. Acht Monate später werfen sämtliche Kühe einer Herde innerhalb von zwei bis drei Wochen ein Kalb, das der Mutter sofort folgen kann (Nestflüchter). Die Geburt geschieht im Schutz der Herde, so dass die anderen Kühe Schakale und Afrikanische Wildhunde verscheuchen können. Gnus werden mit etwa 16 Monaten geschlechtsreif. Die Kühe kalben zum ersten Mal im Alter von ca. zwei Jahren. Jungbullen müssen erst ein Revier erobern, bevor sie zum Zuge kommen.

Keine leichte Beute

Dort, wo sie vorkommen, machen Weißbartgnus oft die Hauptbeute von Löwen aus: Sie decken bis zu 50% des Fleischbedarfs dieser Raubkatzen. Mit einer Widerristhöhe von 1,4 m und ca. 250 kg Gewicht sind die erwachsenen Tiere jedoch keine leichte Beute. Besonders gefährdet sind dagegen Jungtiere. Ob Gnus bei einem Angriff die Flucht ergreifen oder nicht, hängt von den Umständen ab (Löwe, Schakal oder Gepard, Einzeltier oder Rudel, offenes Gelände oder bewachsen usw.). Fühlen sie sich überlegen, bilden sie einen Kreis um den Räuber und schicken sich an, ihn zu attackieren, woraufhin dieser oft Reißaus nimmt.

Weißbartgnu
Connochaetes taurinus albojubatus

Klasse Säugetiere
Ordnung Paarhufer
Familie Hornträger
Verbreitung Ost- und Südafrika
Maße Kopf-Rumpf-Länge: 115–200 cm
Gewicht über 250 kg
Nahrung Gräser
Geschlechtsreife mit 16 Monaten
Tragzeit 8 Monate
Zahl der Jungen 1
Höchstalter 12–15 Jahre

Auch bei territorialen Auseinandersetzungen wissen die Bullen ihre Hörner einzusetzen.

Die zierliche Thomsongazelle (*Gazella thomsoni*) ist die häufigste Gazellenart Ostafrikas. Die Tiere haben im Gesicht eine ausgeprägte dunkle Gazellenzeichnung und einen schwarzen Flankenstreifen, der die gelbbraune Rücken- von der weißen Bauchseite trennt und die Umrisse des Tieres optisch auflöst (*Somatolyse*).

Thomsongazellen: anmutig und widerstandsfähig

Grazil, aber zäh

Diese anmutigen, kleinen Gazellen mit einer Schulterhöhe von nur 65 cm und einem Gewicht von 15–30 kg sind in Tansania und Kenia zu Hause. Thomsongazellen sind nahezu reine Grasfresser und leben je nach Jahreszeit und Geschlecht gesellig in Herden, die einige wenige bis zu mehreren Tausend Tieren umfassen können. Manchmal suchen sie bestimmte Orte auf, wo sie Erde zu sich nehmen, um ihren Mineralstoffbedarf zu decken. Wasserstellen benötigen sie nur in der Trockenzeit, sonst reicht ihnen die in der Nahrung enthaltene Feuchtigkeit.

Trotz ihres zerbrechlichen Aussehens unternehmen Thomsongazellen jedes Jahr ausgedehnte Wanderungen. In der Serengeti schließen sich dabei Tausende von Tieren zusammen, wobei sich gemischte Gruppen mit anderen Gazellenarten bilden.

Thomsongazellen haben viele Feinde. Vor Löwen und anderen Fleischfressern suchen sie ihr Heil in der Flucht und können dabei Geschwindigkeiten bis zu 80 km/h erreichen. Geparden und Afrikanische Wildhunde haben sich am stärksten auf Gazellen spezialisiert. Der Gepard ist ihnen trotz ihrer Schnelligkeit aufgrund seiner Spurtstärke überlegen und Wildhunde ermüden sie mit ihrer Ausdauer.

Reviere auf Zeit

Thomsongazellen zeichnen sich durch ein vielfältiges Sozialgefüge aus. Es gibt Bockrudel aus durchschnittlich 20 Männchen, Geißenrudel mit ca. 30 Tieren und gemischte Herden mit ca. 60–70 Mitgliedern. Bei Wanderungen können sich mehrere Gruppierungen zusammenfinden und über eine kurze Zeit Herden von mehreren Tausend Tieren bilden.

(1)

Die schlanken Thomsongazellen unternehmen als einzige Gazellenart weite Wanderungen. Charakteristisch für die Tiere sind die steifbeinigen Prellsprünge mit allen Vieren, die sie bei Erregung vollführen.

(2)

Anubispaviane gehören zu den zahlreichen Feinden der Thomsongazellen.

Mit dem Sekret der Vorderaugendrüsen markiert ein Bock sein Revier.

Einige Altböcke entwickeln ein stark territoriales Verhalten und verteidigen ein mehrere Hektar großes Revier, das sie mit Harn, Kot und Sekreten markieren. An den Grenzen kommt es oft zu Auseinandersetzungen. Diese Schlagwechsel dienen in der Regel nicht der Vertreibung eines Bocks, sondern der Bestätigung der Reviergrenzen. Geißenrudel, die durch sein Gebiet ziehen, versucht der Bock in der Mitte seines Reviers zusammenzutreiben. Ist eine Geiß in Hitze, beginnt er um sie zu werben. Bleibt sie stehen, kommt es zur Paarung. Irgendwann packt den Revierbesitzer wieder die Wanderlust; er gibt sein Revier auf, das er so heftig verteidigt hat, und schließt sich einer durchziehenden Herde von Artgenossen an.

Thomsongazelle
Gazella thomsoni

Klasse Säugetiere
Ordnung Paarhufer
Familie Hornträger
Verbreitung Tansania, Kenia
Maße Kopf-Rumpf-Länge: 80–110 cm
Gewicht 15–30 kg
Nahrung Gräser, Kräuter, Laub
Geschlechtsreife Männchen mit 18 Monaten, Weibchen mit 9 Monaten
Tragzeit 5–6 Monate
Zahl der Jungen 1
Höchstalter bis 10 Jahre

Geiß und Kitz

Abseits der Herde bringt die Geiß nach 5–6 Monaten in der Regel ein Kitz zur Welt. Das Kitz bleibt an einem Abliegeplatz versteckt und wird von der Mutter nur zum Säugen aufgesucht, aber dennoch beim Äsen kaum aus den Augen gelassen. Denn neben den Feinden erwachsener Tiere stellen dem Nachwuchs auch Schakale, Paviane, Adler, Serval und Honigdachs nach. Wird das Kitz angegriffen, versucht sich die Geiß zwischen den Räuber und ihr Junges zu stellen und ihn abzulenken. Auf der Flucht signalisiert sie ihrem Kitz mit ihrem aufblitzenden weißen Schwanzspiegel die richtige Richtung.

Als kraftvoller Herrscher in den Savannen Ost- und Südafrikas braucht der Löwe (*Panthera leo*) kein anderes Tier zu fürchten – aber den Menschen. Auch in einst menschenleeren Gegenden macht er dem »König der Tiere« aufgrund seines Bevölkerungswachstums den Lebensraum streitig. Seit 1970 sind die Bestände um 75 % zurückgegangen.

Löwen: Herrscher der Savanne

Auf dem Rückzug

Einst waren Löwen nicht nur in Afrika, sondern auch in Kleinasien bis hinein nach Nordindien verbreitet. Aber die zunehmende Besiedlung, die damit verbundene Ausdehnung der landwirtschaftlichen Nutzflächen, die Ausrottung der Beutetiere und die hemmungslose Gier nach begehrten Jagdtrophäen drängten die mächtigen Raubtiere immer stärker zurück. Heute sind die Großkatzen lediglich in den afrikanischen Nationalparks und im indischen Gir-Schutzgebiet vor den Nachstellungen der Menschen sicher.

Einträchtig trinkt dieses Löwenpaar an einem Wasserloch. An solchen Wasserstellen, die ebenfalls von anderen Tieren genutzt werden, lässt sich auch leicht Beute machen.

Perfekt angepasst

Einst über fast ganz Afrika verbreitet, sind wilde Löwen heute nur noch im Gebiet südlich der Sahara zu finden. Ihr bevorzugter Lebensraum sind die offenen Weiten der grasbedeckten Savannen. Die Tiere sind an diesen Lebensraum perfekt angepasst: Die einheitlich fahlgelbe Färbung ihres Fells sorgt dafür, dass sie im meist trockenen Gras nur schwer zu erkennen sind. Ihre Pranken sind mit Sohlenpolstern ausgestattet, so dass sie sich bei der Jagd geräuschlos ihrer Beute nähern können. Ihr kräftiges Gebiss mit den bis zu 6 cm langen, dolchartigen Fangzähnen weist sie als Fleischfresser aus. Da sie als Einzige in der Lage sind, über 250 kg schwere Tiere zu überwältigen, übernehmen sie eine wichtige Funktion: Sie regulieren die Bestände großer Huftiere und sorgen so dafür, dass Grasfresser nicht überhand nehmen, was die Zerstörung der Grasdecke zur Folge hätte. Dass ihnen auch alte und kranke Tiere zum Opfer fallen, wirkt sich außerdem positiv auf die Bestände ihrer Beutetiere aus.

Löwe
Panthera leo

Klasse Säugetiere
Ordnung Raubtiere
Familie Katzen
Verbreitung in den offenen Landschaften Afrikas südlich der Sahara; wenige hundert asiatische Löwen leben im Gir Forest im Norden Indiens
Maße Kopf-Rumpf-Länge: 140–190 cm
Standhöhe: 80–110 cm
Gewicht 120–250 kg
Nahrung mittelgroße bis große Säugetiere, Aas
Geschlechtsreife Weibchen mit etwa 3 Jahren, Männchen mit 5–6 Jahren
Tragzeit 100–116 Tage
Zahl der Jungen 2–4
Höchstalter bis 15 Jahre, im Zoo bis 25 Jahre

Kämpfen und Fressen

Männliche und weibliche Löwen unterscheiden sich erheblich in ihrem Aussehen. Nur Männchen tragen eine mehr oder weniger ausprägte »Löwenmähne« am Kopf und zum Teil auch am Bauch. Sie ist bestens geeignet, Prankenhiebe auf Kopf und Hals abzufangen. Denn wie alle Katzen tragen Löwen ihre Rivalenkämpfe weniger durch Bisse als vielmehr durch kräftige »Ohrfeigen« mit ihren Pranken aus. Mit einer Körperlänge von bis zu 1,90 m und einem Gewicht von bis zu 250 kg sind männliche Löwen größer und schwerer als die Weibchen. Ihr Appetit ist entsprechend groß: Ein erwachsener Löwe benötigt rund 7, eine Löwin ca. 5 kg Fleisch pro Tag. Da der Jagderfolg auch schon einmal zwei bis drei Tage ausbleiben kann, sind Löwen in der Lage, bis zu 30 kg Fleisch auf ein Mal zu verschlingen.

Familienleben im Rudel

Als einzige unter den Katzen finden sich Löwen zu größeren Rudeln zusammen. Den festen Kern bilden die Löwinnen, fünf bis zehn an der Zahl, und deren Junge; die zwei bis drei Männchen der Gruppe werden aber alle paar Jahre von anderen abgelöst. Löwen besetzen ein festes Revier, dessen Größe 20 bis 400 km² betragen kann. Innerhalb des Rudels herrscht keine strenge Rangordnung wie in anderen Tiergesellschaften; erst bei der Verteilung der Beute machen die stärkeren Männchen ihre Vorrechte geltend.

Während die Jagd Aufgabe der Weibchen ist, verteidigen die Männchen das Revier. Kurz nach Sonnenuntergang lassen sie ihr bis zu 9 km weit tragendes Gebrüll erschallen, mit dem sie umherziehenden männlichen Artgenossen signalisieren, dass ein Revier besetzt ist. Diese lautstarke Demonstration ist berechtigt, denn diese sog. Nomaden sind eine ständige Gefahr für ein Rudel. Zu ihnen gehören Junglöwen und alte Männchen, aber auch jüngere Weibchen, für die in ihrer

Herkunftsgruppe kein Platz mehr war. Sie streifen allein oder in Kleingruppen durch die Savanne, wobei sich die männlichen Junglöwen häufig zu Kampfgemeinschaften zusammenschließen. Sie halten sich gern in der Nähe eines fremden Rudels auf, um in einem günstigen Augenblick die Revierherren zu vertreiben und die Gruppe zu übernehmen.

Gefährdeter Nachwuchs

Übernehmen neue Männchen ein Rudel, kann es zu einem Verhalten kommen, das oft im Tierreich zu beobachten ist: Die

① *Die Tischsitten bei Löwen sind rau: Erst wenn die erwachsenen Mitglieder des Rudels gesättigt sind, darf sich der Nachwuchs über die Reste der Beute hermachen.*

② *Löwinnen sind fürsorgliche Mütter. Aus Angst vor Feinden tragen sie die Jungen – nach Katzenart im Nacken gepackt – häufig in ein neues Versteck. Die Kleinen verharren während des Transports unbeweglich in einer Tragstarre.*

neuen Herrscher beißen alle Jungtiere des Rudels tot. Als Grund wird angenommen, dass die Weibchen nun rasch wieder empfängnisbereit werden. Denn sie paaren sich erst wieder, wenn sie keine Jungen mehr zu säugen haben. Der neue Wurf trägt dann bereits die Gene der neuen Männchen.

Löwinnen sind das ganze Jahr über paarungsbereit. Von den zwei bis vier Jungen, die eine Löwin nach rund 116 Tagen Trächtigkeit zur Welt bringt, erleben nur etwa 20 % das zweite Lebensjahr (Einzelgängerinnen bringen oft nur 5% des Nachwuchses durch.). Außer durch die instinktive Kindstötung fremder Männchen sterben viele Neugeborene an Unterkühlung, wenn sie nach der Geburt bei nasskaltem Wetter allein gelassen werden. Auch Unfälle und Angriffe anderer Fleischfresser fordern ihre Opfer. In Zeiten mit knappem Nahrungsangebot haben die Jungtiere meist das Nachsehen, da sie immer als Letzte an die Beute dürfen.

Jäger ...

Die Nahrungsbeschaffung ist Sache der weiblichen Rudelmitglieder, die männlichen jagen eher selten. Sie sind wegen ihrer auffälligen Mähne leichter zu entdecken und ihr hohes Körpergewicht macht sie langsamer. Einzeln jagende Löwen sind deshalb auf eine gute Deckung angewiesen, in deren Schutz sie sich an ihr Opfer heranpirschen können, bevor sie losspringen, die Beute zu Boden reißen und mit einem Biss in die Kehle töten. Im Verband jagende Löwinnen bedienen sich einer anderen Technik. Während einige sich im hohen Gras verbergen, laufen die anderen von der entgegengesetzten Seite auf das Opfer zu und treiben es den wartenden Gefährtinnen entgegen.

... und Beute

Auch Löwen haben Misserfolge. Nur etwa ein Viertel aller Jagdversuche endet erfolgreich. Bleibt das Jagdglück aus, verschmähen Löwen auch Kadaver nicht und nehmen selbst mit den Resten vorlieb, die andere Jäger übrig gelassen haben. Es wurde sogar beobachtet, dass sie Hyänen die Beute abjagen. Von der Beute erhalten in der Regel alle Rudelmitglieder ihren Anteil. Bei der Verteilung herrscht jedoch das Recht des Stärkeren: Die Männchen sichern sich den »Löwenanteil«. Nach ihnen kommen die Jägerinnen, dann die schwächeren Jungtiere.

Ngorongoro: Arche Noah der Tiere

»Das große Loch«, so heißt in der Sprache der Massai eine der spektakulärsten Hinterlassenschaften eines Vulkans in Afrika – der Ngorongoro-Krater. Genauer gesagt ist der Kessel eine Caldera, also der eingestürzte Krater eines Vulkans. Mit einer Gesamtfläche von 304 km² rangiert er zwar nur an sechster Stelle weltweit, aber er ist die größte inaktive, unzerstörte und nicht überflutete Caldera der Erde.

Der größte Schatz des Ngorongoro-Kraters ist das Spitzmaulnashorn (Diceros bicornis), auch Schwarzes Nashorn genannt. Nur noch 20 der einst wegen ihrer begehrten Hörner erbarmungslos gejagten Kolosse sind übrig geblieben. Sie werden heute streng bewacht.

Die Anzahl der im Ngorongoro lebenden Zebras ist außergewöhnlich hoch.

Als Teil des sog. Kraterhochlandes, das die Ebene der Serengeti nach Osten begrenzt, liegt der Ngorongoro-Krater in einer geologisch hochaktiven Zone am Bruch der afrikanischen Kontinentalplatte. Hier entstanden in den letzten vier Millionen Jahren neun Vulkane, von denen heute noch der ol Doinyo Lengai aktiv ist.

Vor rund zwei Millionen Jahren ragte der Gipfel des Ngorongoro noch über 5000 m auf. Dann begann er langsam einzustürzen. Heute erreicht der Kraterrand eine Höhe von 2280 bis 2440 m über dem Meeresspiegel. Zum Grund der großen Caldera fällt der Kraterrand rund 610 m tief ab. Ein Teil des Kraters wird vom Magadisee eingenommen, dessen Wasser durch die abgelagerte Vulkanasche stark alkalisch ist. Sein Wasserstand erreicht nie mehr als 3 m Tiefe und ist großen Schwankungen unterworfen.

Der Blick aus dem Weltraum lässt das fast perfekte Oval des Ngorongoro-Kraters, dessen Durchmesser zwischen 21 km und 17,7 km variiert, oben rechts gut erkennen. In der Bildmitte ragt der ol Doinyo Lengai mit seinen bewaldeten Hängen auf.

In der Trockenzeit verdunstet der größte Teil des Wassers und hinterlässt eine riesige weiße Salzfläche.

Während die Ränder der Caldera überwiegend mit Wald bestanden sind, finden sich auf dem Kratergrund abwechslungsreiche Lebensräume: Grasland und Akazienwälder, Seen und Sümpfe, ja sogar wüstenähnliche Gebiete mit Wanderdünen bieten einer artenreichen Tier- und Pflanzenwelt ideale Bedingungen. Auf üppigen Weidegründen tummeln sich bis zu 25 000 Wildtiere, darunter Vertreter von etwa 51 Säugetier- und fast 240 Vogelarten. Alle Großen der ostafrikanischen Fauna sind dort vertreten – bis auf Giraffen. Anders als Zebras, Löwen, Büffel, Elefanten oder Gnus können sie die steilen Kraterränder nicht überwinden. Der Krater ist Teil des weitläufigen Ngorongoro-Schutzgebiets, das 1959 eingerichtet wurde. Dort wird versucht, die Interessen der Massai, des Tourimus und des Naturschutzes unter einen Hut zubringen. Es ist den Massai zwar nicht gestattet, im Krater zu siedeln, aber die saftigen Weiden und das nie versiegende Wasser zu nutzen. Und so kann man vor allem in der Trockenzeit Rinder, Esel, Ziegen und Schafe friedlich neben Gnus, Zebras und Büffeln antreffen.

Viele unerwünschte Mitesser

Ihr relativ schwaches Gebiss und ihre vergleichsweise geringere Robustheit führt dazu, dass kräftigere Räuber Geparden oft um den Lohn ihrer Anstrengungen bringen. Vor allem Löwen und Tüpfelhyänen vertreiben Geparden oft von ihrem Riss. Deshalb fressen Geparden, die Beute gemacht haben, sehr rasch bzw. ziehen den Kadaver ins Gebüsch, wo sie besser getarnt sind. Außerdem verringern sie das Risiko von unerwünschten Mitessern dadurch, dass sie tagsüber – meist frühmorgens und spät nachmittags – jagen, während ihre größten Konkurrenten noch in der Sonne dösen. Dennoch ziehen Geparden dort, wo es viel Konkurrenz durch andere Großraubtiere gibt, häufig den Kürzeren und sind nicht besonders zahlreich. In Schutzgebieten wie dem südafrikanischen Krüger-Nationalpark, wo die Löwen- und Hyänendichte hoch ist, leben gerade einmal 200 Geparden.

Nomadinnen und standorttreue Revierbesitzer

Im Gegensatz zu vielen anderen Tierarten sind es bei den Geparden die erwachsenen Weibchen, die als Einzelgängerinnen durchs Leben ziehen, es sei denn, sie führen Junge. Die Weibchen verteidigen kein Territorium. Sie haben ein Streifgebiet, das mit denen anderer Artgenossen überlappt, meiden aber den Kontakt. Wie groß ein solches Streifgebiet ist, hängt vom Nahrungsangebot ab. Im Krüger-Nationalpark ist ihr Jagdgebiet 100 bis 200 km^2 groß. In der Serengeti und in der Kalahari wandern ihre Beutetiere; deshalb umfasst dort ihr Streifgebiet stets mehrere hundert Quadratkilometer.

Heranwachsende Geparden bilden oft gemischte Geschwistergruppen. Sind die jungen Weibchen paarungsbereit, wandern sie ab, paaren sich und suchen sich ein eigenes Streifgebiet. Die Männchen werden zu Einzelgängern oder bilden Koalitionen mit ein bis zwei anderen Männchen. Eine solche Männergruppe kann ein eigenes Revier von bis zu 50 km^2 Größe erobern, das sich mit den viel größeren Streifgebieten mehrerer Weibchen überschneidet; einem einzelnen Männchen gelingen Eroberung und Verteidigung eines Reviers nur selten. Die Reviergrenzen werden regelmäßig mit Urin markiert und gegen Rivalen verteidigt. Ein günstig gelegenes Revier erhöht die Paarungschancen erheblich.

1

2

Hart arbeitende Mütter

Ein einziger Gepard benötigt ca. 2 kg Fleisch pro Tag. Den größten Teil ihres Lebens müssen die Weibchen aber nicht nur für sich, sondern auch für ihre Jungen sorgen. Nach einer Tragzeit von ca. drei Monaten wirft das Weibchen ein bis sechs Junge. Bei der Aufzucht des Nachwuchses ist die Mutter ganz auf sich allein gestellt. In den ersten acht Wochen muss sie die Kleinen im Versteck zurücklassen, während

(1) *Damit Nahrungskonkurrenten ihnen ihre Beute nicht abjagen können, schleppen Geparden den Riss oft in ein Versteck.*

(2) *Sprintende Geparden können bis zu 105 km/h schnell werden.*

sie auf Jagd geht; von da an können sie Fleisch fressen und ihre Mutter begleiten, was dem Jagderfolg aufgrund der quirligen Jungen nicht immer zugutekommt. Aber es ist wichtig, dass sie die Jagd lernen. Daher treibt ihnen die Mutter lebende Beute zu, an der sie den Tötungsbiss üben können.

Etwa mit anderthalb Jahren sind die jungen Geparden selbständig und verlassen die Mutter. Allerdings sind sie dann noch immer keine perfekten Jäger und bleiben wohl deshalb oft noch eine Weile in Geschwistergruppen zusammen.

Jäger und Opfer

Nach Untersuchungen im Serengeti-Nationalpark meiden Geparden die Nähe von Löwen und Tüpfelhyänen – nicht nur, weil diese ihnen immer wieder ihre Beute abjagen, sondern auch, weil sie eine große Bedrohung für den Gepardennachwuchs darstellen. Denn nur 5 % der Gepardenjungen erreichen das Erwachsenenalter – Hauptgrund dafür sind Löwen.

Manche Geparden weichen auch auf Wildtier- und Viehfarmen aus, wo es keine größeren Raubkatzen gibt. Hier geraten sie jedoch leicht mit den Farmern in Konflikt, die um ihr Vieh fürchten. So wurden zwischen 1980 und 1990 mehr als 6 000 Geparden getötet, obwohl sie nachweislich nicht einmal für 5 % der Viehverluste verantwortlich sind. Als positiv hat sich etwa in Namibia der Einsatz von Anatolischen Hirtenhunden erwiesen. Sie schützen das Vieh, ohne den Geparden etwas zuleide zu tun.

Solche Nachstellungen, illegaler Verkauf der gefleckten Schönheiten als »Haustiere« oder an ominöse Privatzoos, Wilderei, um Trophäen oder Felle zu erbeuten, sowie die Schrumpfung ihres Lebensraumes könnten diese schlanken Jäger bald an den Rand der Ausrottung bringen. Hinzu kommt, dass sich Geparden nur schlecht in menschlicher Obhut züchten lassen. Ein deutscher Tierpark, in dem dies regelmäßig gelingt, ist der Zoo Krefeld; hier verzeichnete man auch die erste Nachzucht überhaupt.

Kletterkünstler sind Geparden eigentlich nicht, wie auch der etwas hilflose Gesichtsausdruck dieses Jungtiers verrät.

Leoparden bevorzugen Ruheplätze in luftiger Höhe.

Leoparden: anpassungsfähige Großkatzen

Das Verbreitungsgebiet der Leoparden (*Panthera pardus*) erstreckt sich von Ostasien bis zur Südspitze Afrikas, in Wüsten und Halbwüsten, Wäldern und Bergen, Steppengebieten und Savannen. Während die mittelafrikanischen Bestände einigeremaßen stabil sind, sind die meisten der Unterarten heute vom Aussterben bedroht.

Flexibilität als Überlebensprinzip

Leopardenmännchen können eine Körperlänge von etwa 2 m (plus fast 1 m Schwanz) und ein Gewicht von 90 kg erreichen; Weibchen bleiben deutlich kleiner und leichter. Diese muskulösen schlanken Großkatzen sind deutlich massiger gebaut als Geparde, jedoch viel zierlicher als Löwen. An ihren Lebensraum stellen sie außer genügend Wasser, viele Beutetiere und wenig Verfolgung keine besonderen Ansprüche.

Als vielseitige Jäger haben sie ein breites Beutespektrum: In der Serengeti sind kleine bis mittelgroße Antilopen die bevorzugte Beute; am West-Kap leben Leoparden überwiegend von Klippschliefern, in der Kalahari jagen sie Löffelhunde, im Überschwemmungsgebiet des Karibasees haben sie sogar Fischen gelernt, und in der Nähe menschlicher Siedlungen haben sich manche auf Ziegen oder Haushunde spezialisiert. Daneben wird auch Aas nicht verschmäht, und wenn das Angebot knapp ist, nehmen Leoparden auch mit Nagern und sogar Insekten vorlieb.

Schwarzer Panther

Der schimmernde Glanz des tief schwarzen Fells macht die Schwärzlinge so attraktiv.

Bei Leoparden stößt man neben den normal gefleckten Formen immer wieder auf Schwärzlinge, die auch als »Schwarze Panther« bezeichnet werden. Die Dunkelfärbung der Haare durch dunkle Pigmente (Melanine) bezeichnet man als Melanismus. Dass Schwärzlinge keine eigene Art sind, lässt sich daran erkennen, dass eine Leopardin in ein und demselben Wurf schwarze und gefleckte Junge haben kann. Wenn die Sonne schräg auf das Fell eines Schwärzlings trifft, kann man oft erkennen, dass dessen Fell nicht einfarbig schwarz, sondern fleckig gemustert ist. Solche Schwärzlinge kommen auch beim gefleckten Jaguar (*Panthera onca*) vor.

Leoparden sind Pirschjäger, die gute Deckung benötigen.

Geduldige Pirschgänger

Leoparden bevorzugen Gebiete mit guter Deckung zwischen Sträuchern und Buschwerk, in denen sie auf Beute lauern können und die schwarzen Flecken ihres Fells ihren Körperumriss auflösen (*Somatolyse*). Die scheuen Jäger jagen allein. Beim Aufspüren der Beute verlassen sie sich auf ihr hoch entwickeltes Seh- und Hörvermögen. Ist ein geeignetes Opfer gefunden, pirschen sie sich, stets Deckung suchend, bis auf wenige Meter an ihre Beute heran und packen dann im Sprung mit ausgestreckten Krallen zu. Als gewandte Kletterer können sie auf Bäumen lauern und sich auf ihre Opfer stürzen.

Territoriale Einzelgänger und umsichtige Mütter

Außerhalb der Paarungszeit sind Leoparden Einzelgänger. Das Revier eines Männchens kann sich mit den Territorien mehrerer Weibchen überlappen. Weibchen verteidigen ihr Revier gegen andere Weibchen, Männchen verjagen Rivalen aus ihrem Streifgebiet.

Afrikanische Leoparden haben keine feste Paarungszeit. Wenn das Weibchen alle drei bis sieben Wochen in Hitze kommt, tut es seinen Zustand durch tiefe, bellende Rufe kund. Nach 100 Tagen Tragzeit wirft sie ein bis drei Junge in einer Höhle oder einem anderen Unterschlupf; dort können sie geschützt warten, bis die Mutter von der Jagd zurückkehrt. In der Regel ist die Mutter allein für die Aufzucht zuständig, es gibt jedoch Berichte, dass gelegentlich Männchen die Familie mit Fleisch versorgen. Im Alter von sechs bis acht Wochen fangen die Jungen an, der Mutter zum Riss zu folgen; mit vier Monaten unternehmen sie erste Fangversuche. Nach 18–20 Monaten, wenn die Leopardin erneut brünstig wird, vertreibt sie die Jungen.

Leopard
Panthera pardus

Klasse Säugetiere
Ordnung Raubtiere
Familie Katzen
Verbreitung in Halbwüsten und tropischen Wäldern in Afrika, dem Nahen Osten und Teilen Asiens
Maße Kopf-Rumpf-Länge: bis 2 m
Gewicht Männchen: 37–90 kg
Weibchen: 28–60 kg
Nahrung Huftiere, Nagetiere, Affen, auch Reptilien und Insekten
Geschlechtsreife mit 2,5–4 Jahren
Tragzeit 90–105 Tage
Zahl der Jungen 1–3
Höchstalter etwa 15 Jahre, im Zoo über 23 Jahre

Ein hoch spezialisiertes Gebiss

Eine erwachsene Tüpfelhyäne frisst durchschnittlich 3–6 kg Fleisch pro Tag, kann aber bei einer einzigen Mahlzeit problemlos 15 kg Fleisch verschlingen. Dabei verschmäht sie auch die großen Röhrenknochen nicht: Ihr Gebiss ist extrem spezialisiert und weist eine sehr effektive Brechschere auf, so dass selbst Nashornknochen zerkleinert werden können. Bewegt wird das Gebiss von einer außerordentlich kräftigen Hals-, Nacken- und Kiefermuskulatur. Durch hoch konzentrierte Magensäure und einen hervorragenden Verdauungsapparat können selbst Knochen verdaut werden. Auf diese Weise nutzen Tüpfelhyänen eine Nahrungsnische, die anderen Räubern verschlossen bleibt.

Die mächtigen Reißzähne setzen Tüpfelhyänen fast ausschließlich zum Zerteilen der Beute ein.

Tüpfelhyänen: Jäger und Aasfresser

»Auch wir müssen dieser Hiäne den Preis der Häßlichkeit zugestehen. Unter sämmtlichen Raubtieren ist sie unzweifelhaft die mißgestaltetste, garstigste Erscheinung; zu dieser aber kommen nun noch die geistigen Eigenschaften, um das Thier verhaßt zu machen. Sie ist dümmer, böswilliger und roher als ihre gestreifte Verwandte«, schrieb der Zoologe Alfred Brehm Ende des 19. Jahrhunderts.

Verkannt und verleumdet

Tüpfelhyänen (*Crocuta crocuta*) haben einen kantigen Kopf mit stumpfer Schnauze und mächtigen Kiefern, einen untersetzten Rumpf und stark abfallenden Rücken, gelbbraunes, geflecktes Fell – sicherlich keine einnehmende Erscheinung. Es zeigt sich jedoch, dass sie zu den interessantesten Säugerarten und den erfolgreichsten Landraubtieren gehören. Lange als Aasfresser verschrien, ist nun bekannt, dass sie selbst wehrhaftes Großwild zur Strecke bringen. Und sie leben – einzigartig unter Landraubtieren – in von Weibchen dominierten Gruppen zusammen.

Ausdauernde Jäger und Aasfresser

Tüpfelhyänen, die eine Körperlänge von 1,30 – 1,85 m und ein Gewicht von 39–74 kg erreichen, sind in Afrika südlich der Sahara heimisch. Sie bewohnen Feuchtsavannen, offene Gebiete, halbtrockene Strauchwüsten und Bergregionen bis 3300 m Höhe. Als Überlebenskünstler ernähren sie sich von allem, was ihr Lebensraum bietet; dazu gehören selbst erbeutetes Fleisch und Aas, aber auch Früchte, Beeren, Wurzelknollen und Eier. Ob die territorialen, gesellig lebenden Hyänen mehr selbst jagen oder eher Aas fressen,

Tüpfelhyäne
Crocuta crocuta

Klasse Säugetiere
Ordnung Raubtiere
Familie Hyänen
Verbreitung in afrikanischen Savannen u. offenen Landschaften südlich der Sahara
Maße Kopf-Rumpf-Länge: 130–185 cm
Standhöhe: 70–90 cm
Gewicht Männchen: 40–58 kg,
Weibchen: 39–74 kg
Nahrung Allesesser; Huftiere, Kleinsäuger, Aas, Früchte, Beeren, Wurzelknollen, usw.
Geschlechtsreife mit 2–3 Jahren
Tragzeit etwa 110 Tage
Zahl der Jungen meist 2
Höchstalter etwa 18

hängt vom Nahrungsangebot in ihrem Lebensraum ab. Sie sind Hetzjäger, die oft im Rudel jagen. Eine besondere Tötungstechnik haben sie nicht; gewöhnlich verbeißen sich mehrere Tiere in die Beute und töten sie durch Ausbluten. Tüpfelhyänen sind Läufer, die es auf Geschwindigkeiten von 60 km/h bringen. Mitgliederstarken Rudeln dieser nachtaktiven Jäger gelingt es sogar, große Beutetiere wie Gnus zu erlegen.

1

2

3

Konkurrenz zu Löwen

Die Vorstellung vom Löwen als »kühnen Räuber« und der Hyäne als »feigem Aasfresser« täuscht, denn nicht selten ist das, was die Löwen übrig lassen von den Hyänen erlegt worden. Um sich von den in der biologischen Randordnung über ihnen stehenden Löwen nicht um den Lohn bringen zu lassen, haben Hyänen diverse Verhaltensanpassungen entwickelt: Sie können Kadaver mit atemberaubender Geschwindigkeit zerteilen und fressen; eine einzelne Tüpfelhyäne kann ein Thomsongazellenkalb in weniger als zwei Minuten verschlingen. Sie schleifen, wenn sie gestört werden, Beutetiere nicht fort, sondern tragen sie im Maul an einen sicheren Ort, so dass sie keine Geruchsspur hinterlassen. Sie sind ihren Rivalen aber keineswegs immer unterlegen. Je nach Truppstärke kommt es vor, dass sie Löwen von deren Beute vertreiben.

1 *Je nach Nahrungsangebot jagen Tüpfelhyänen selbst …*

2 *… oder begnügen sich mit Aas.*

3 *Auch Hyänen müssen sich manchmal zur Wehr setzen, hier gegen ein Rudel Afrikanischer Wildhunde (Lycaon pictus).*

Pseudopenis und Pseudohoden

Tüpfelhyänen haben eine unter Raubtieren einzigartige Sozialordnung. Ihre Gesellschaft besteht aus starken Weibchen und schwachen Männchen. Die Weibchen sind größer und schwerer und haben äußere Genitalien. Auffälligstes Merkmal ist eine Klitoris mit einer Öffnung an der Spitze, die so lang ist wie ein Penis (Pseudopenis) und bei Auseinandersetzungen um die Rangordnung erigiert wird, um zu imponieren. Dort, wo die Scheide sein sollte, befindet sich eine Struktur, die an einen Hodensack erinnert, aber statt Hoden Fettpolster enthält. Da den Weibchen eine Scheide fehlt, geben sie ihren Harn via Klitoris ab, paaren sich und gebären auch ihre Jungen auf diesem Weg.

Aggressivität als Überlebensvorteil

Tüpfelhyänen galten bis ins 19. Jahrhundert als Zwitter, doch im Inneren sind Weibchen und Männchen wie üblich gebaut – die einen haben Eierstöcke, die anderen Hoden. Bei den Weibchen der Streifenhyänen, den nächsten Verwandten der Tüpfelhyänen, sind die äußeren Geschlechtsorgane ganz normal ausgebildet, daher handelt es sich bei Tüpfelhyänen um echte weibliche Scheinzwitter (*Pseudohermaphroditen*), für deren Entstehung vermutlich eine Mutation verantwortlich ist. Ihre besonderen Geschlechtsorgane fordern von den Tüpfelhyänenweibchen bei der Fortpflanzung einen hohen Blutzoll. Mehr als 50% der Erstgeborenen kommen tot zur Welt. Man sollte meinen, solch eine

Mutation würde von der natürlichen Selektion rasch ausgemerzt.
Aber diese Mutation geht mit einer Eigenschaft einher, die diesen Nachteil offenbar ausgleicht – Aggressivität. Tüpfelhyänenweibchen sind äußerst angriffslustig; im Clan dominieren sie in jeder Beziehung. Beide Geschlechter haben ihre eigenen Dominanzhierarchien, doch das niedrigste Weibchen in der Rangordnung steht noch immer über dem höchsten Männchen.

Eine streitlustige Sippschaft

Weibchen werfen nach einer Tragzeit von drei bis vier Monaten ein bis zwei Junge. Diese werden mit einfarbig dunkelbraunem Fell, offenen Augen und ungewöhnlich gut entwickelten Zähnen geboren.

Schon neugeborene weibliche Hyänen verhalten sich äußerst aggressiv; bei der Geburt von zwei Weibchen kommt es im Kampf um die Milch oft zum Geschwistermord (*Siblizid*). Wird die Nahrung knapp, gebären Weibchen mehr Söhne als Töchter, denn Männchen wandern ab, während Weibchen beim Clan bleiben.

Tüpfelhyänen leben in Clans von 20 bis 80 Tieren. Um die Aggressivität zu dämpfen, verfügen sie über eine Begrüßung, bei der Präsentation und das Belecken der erigierten Genitalien eine wichtige Rolle spielen. Aus diesem Grund nähern sich werbende Männchen einem Weibchen vorsichtig in Demutshaltung auf dem Bauch kriechend. Zudem verfügen Tüpfelhyänen über ein reichhaltiges Lautrepertoire aus Lachen, Wimmern, Meckern, Jaulen, Kichern und Heulen; Sie erkennen sich an der Stimme.

Häufige Körperkontakte wie Beschnuppern stärken den Zusammenhalt in einem Rudel.

Mit ihrem spitzen Schnabel können Marabus die Bauchdecke toter Tiere öffnen, so dass auch schwächere Aasfresser zum Zuge kommen.

Marabus: Aas fressende Störche

Der Afrikanische Marabu (*Leptoptilos crumeniferus*) entspricht nicht der landläufigen Vorstellung von einem »hübschen« Vogel. Deshalb sind viele auch erstaunt, dass Marabus Störche und damit direkte Verwandte unseres eleganten Weißstorches sind.

Afrikanischer Marabu
Leptoptilos crumeniferus

Klasse Vögel
Ordnung Schreitvögel
Familie Störche
Verbreitung Tropisches Afrika, besonders Savannen und Feuchtgebiete
Maße Länge: 115–150 cm; Spannweite: 2,6–2,9 m
Gewicht 4–9 kg
Nahrung Aas, lebende Beute (Amphibien, Reptilien, Fische, Insekten)
Geschlechtsreife mit 4 Jahren
Zahl der Eier 2–3
Brutdauer 29–31 Tage
Höchstalter 25 Jahre

Segler mit scharfen Augen

Afrikanische Marabus sind in fast ganz Afrika zu finden. Sie siedeln meist in wildreichen Savannenregionen und Feuchtgebieten, an Flüssen und Seen sowie dort, wo der Tisch für sie reich mit Aas und Abfällen gedeckt ist. Der mächtige keilförmige, vorn spitz zulaufende Schnabel dient nicht primär dem Fangen oder Zerteilen von Nahrung, sondern ist vor allem dazu geeignet, die Bauchdecke großer Tiere mit wenigen Hieben aufzuhacken. Anschließend versenkt der Vogel seinen Kopf tief im Innern des Kadavers, um Eingeweide und Fleischbrocken herauszureißen. Ein befiederter Kopf und Hals würden nur mit Blut und Körpersäften beschmutzt werden; daher sind Marabus ähnlich wie Geier »oben herum« fast kahl. An Geier erinnert auch das Flugbild der Marabus mit ihren mächtigen Schwingen (Flügelspannweite 2,6–2,9 m).

Marabus jagen auch lebende Beute wie beispielsweise Fische, Amphibien, Reptilien und Insekten; gelegentlich fallen sie in Flamingokolonien ein und erbeuten deren Junge. Ein erwachsener Marabu benötigt pro Tag ca. 700–800 g Nahrung. Der nackte Hautsack am Hals dient nicht, wie früher angenommen, als Kropf, sondern spielt eine Rolle bei der Balz.

Marabus sind ausgezeichnete Segler, die sich durch Nutzung warmer Aufwinde (Thermik) in große Höhen emporschrauben und weite Gebiete absuchen können. Haben sie dank ihrer scharfen Augen einen Kadaver erspäht, lassen sie sich mühelos hinabgleiten. Oft orientieren sie sich bei der Nahrungssuche am Verhalten anderer Aasfresser: Wo sich zahlreiche Geier und Schakale versammeln, lohnt es sich auch für einen Marabu zu landen.

Die asiatische Verwandtschaft

Wenn von Marabus die Rede ist, ist meist der Afrikanische Marabu gemeint, doch er besitzt in Asien zwei Vettern, die allerdings selten geworden sind:
Der Indische Marabu oder Argala (*Leptoptilos dubius*) bringt es auf eine Standhöhe von 1,5 m und eine Flügelspannweite von ca. 3 m und spielte einst in mittelindischen Städten die Rolle des Straßenreinigers.
Mit 3,2 m hat der kehlsacklose Javanische Marabu oder Sunda-Marabu (*Leptoptilos javanicus*) die größte Flügelspannweite aller Marabus und gleichzeitig wohl auch aller Landvögel; er kommt in Mittelindien bis Java und Borneo vor.
Inzwischen gilt der Bestand beider asiatischer Arten als stark gefährdet.

In typischer Haltung – auf einem Bein und den Kopf eingezogen – ruht sich dieser Marabu aus.

Brütende »Einsiedler«

»Marabu« leitet sich vom arabischen »murabi« ab, was so viel wie »Einsiedler« bedeutet. Doch sein Lebenswandel ist keineswegs einsiedlerisch, denn Marabus sind gesellige Vögel, die in Kolonien brüten. Sie verpaaren sich im Alter von vier Jahren – gewöhnlich ist es ein Bund fürs Leben. Marabus haben ein aufwändiges Balzritual. Dabei strecken sie ihren Kopf mit dem Schnabel senkrecht in die Luft und lassen ein Muhen oder Kreischen hören, bei dem vermutlich der Kehlsack als Verstärker dient. Beide Geschlechter beteiligen sich am Nestbau, am Brüten und an der Jungenaufzucht.
Die Nester werden auf Bäumen oder Felsen errichtet. Das Weibchen legt zwei bis drei Eier zu Ende der Regenzeit. Für diese Vögel ist es günstiger, ihre Jungen in der aasreichen Trockenzeit aufzuziehen. Nach vier bis fünf Monaten verlassen die Jungen den Horst.

So wichtig wie die Müllabfuhr

Afrikanische Marabus spielen wie andere große Aasfresser – Geier, Hyänen, Löwen, Schakale – in ihrem Lebensraum eine wichtige Rolle als »natürliche Entsorger«, denn durch den Verzehr von Kadavern und Fleischabfällen wird die Ausbreitung von Krankheiten eingeschränkt und die Verseuchung von Wasserstellen durch tote Tiere verhindert. Das gilt insbesondere für die Abfallbeseitigung am Rande von Slums.

1

2

Wenn man die etwa kaninchengroßen Klippschliefer anschaut, glaubt man kaum, dass es sich um die Nachfahren tapirgroßer Formen handelt, die im Eozän (vor rd. 40 Mio. Jahren) die wichtigsten mittelschweren Huftiere der afrikanischen Savannen bildeten. Heute unterscheidet man Klipp-, Busch- und Baumschliefer, wobei sich die Klippschliefer (Gattung *Procavia*) am erfolgreichsten durchgesetzt haben.

Klippschliefer: Relikte einer vergangenen Glanzzeit

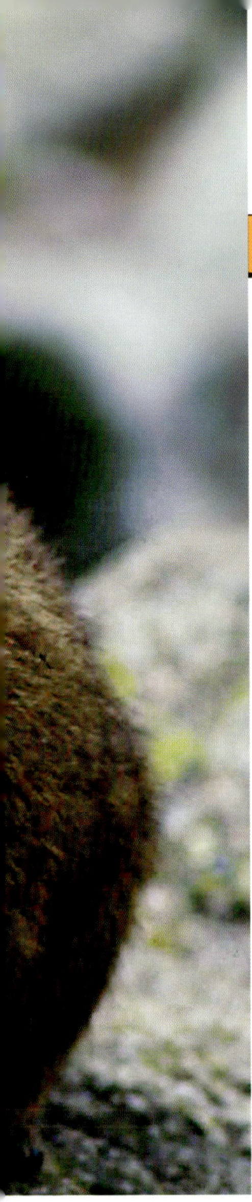

Kletternde Höhlenbewohner mit Hufen

Die verstreut liegenden Granitblöcke (Kopjes), sind das Reich der Kap-Klippschliefer (*Procavia capensis*). Dort leben sie in Felsspalten und vorhandenen Erdhöhlen, z.B. Erdferkel- und Erdmännchenbauten. Selbst graben sie nicht, dazu sind ihre Füße viel zu biegsam.

Klippschliefer sind Sohlengänger mit vier Zehen an den Vorderfüßen und drei an den Hinterfüßen. Die Zehen tragen Horngebilde, die wie menschliche Nägel aussehen, anatomisch aber echte Hufe sind. Die Fußsohlen werden von elastischen Hautpolstern gebildet und sind mit Schweißdrüsen ausgestattet. Beim Erklettern steiler, glatter Felswände wirkt Schweiß wie ein Haftmittel; durch Zusammenziehen der Fußsohlenränder entsteht zudem ein Unterdruck, der die Wirkung verstärkt. Solche Füße sind auch zum Klettern im Geäst geeignet, wie Busch-/Baumschliefer zeigen; diesen Lebensraum hat kein anderes Huftier erobert!

Jeden Tag Sonnenbaden

Klippschliefer sind tagaktiv, wobei »aktiv« bei ihnen bedeutet, dass sie einen Großteil des Tages dösend in der Sonne verbringen. Ihr Tagesrhythmus wird von den Außentemperaturen bestimmt. Als primitive Säuger können Klippschliefer ihre Körpertemperatur nicht aus eigener Kraft konstant halten. Daher nehmen sie jeden Morgen ein Sonnenbad, um sich aufzuwärmen, und kuscheln sich abends zusammen. Sie fressen nur ein bis zwei Stunden am Tag und ziehen sich während der Mittagshitze bzw. bei Einbruch der Nachtkälte in die geschützten Felsspalten und Baue zurück.

Bei dem, was sie fressen, sind Klippschliefer nicht wählerisch: Auf ihrem Speisezettel sind Gras, Moose und Flechten, höhere Pflanzen und Rinde zu finden. Sie kommen zudem mit sehr wenig Wasser aus. Während der Nahrungssuche halten ein paar Alttiere Wache, denn Klippschliefer sind von vielen Feinden bedroht: Auf dem Boden stellen ihnen Leoparden, Schakale und Tüpfelhyänen nach, aus der Luft vor allem Kappadler. Zu ihrem Schutz haben sie ein breit gefächertes Lautrepertoire entwickelt: Ihre Warnrufe variieren vom Quieken bis zum schrillen Bellen, bei dem alle Tiere flüchten.

Leben im Harem

Kap-Klippschliefer leben in Kolonien; ein Männchen kann mehr als ein Dutzend Weibchen mit ihren Jungen um sich scharen. Wird der Haremsbesitzer von einem anderen Männchen herausgefordert, kommt es zu heftigen Kämpfen, bei denen die »Stoßzähne« als Waffen eingesetzt werden. Die Weibchen werfen nach einer Tragzeit von sieben Monaten zwei bis drei Junge. Weibliche Jungtiere können schon mit einem Jahr trächtig werden und bleiben in der Gruppe. Männliche Jungtiere werden vertrieben, was ihr Todesurteil bedeuten kann, denn die Kap-Klippschliefer sind keine Schnellläufer und fallen leicht Räubern zum Opfer. Deshalb siedeln sich viele dieser vertriebenen Männchen am Rand ihrer Geburtskolonie an.

Klippschliefer
Procavia

Klasse Säugetiere
Ordnung Schliefer
Familie Schliefer
Verbreitung von der arabischen Halbinsel bis nach Südafrika
Maße Kopf-Rumpf-Länge: 44–54 cm
Standhöhe: 15–25 cm
Gewicht 1,8–5,4 kg
Nahrung Gräser, Moose, Flechten und Rinde
Geschlechtsreife mit 16–18 Monaten
Tragzeit 210–240 Tage
Zahl der Jungen 2–3
Höchstalter 9–14 Jahre

(1) *Klippschliefer wärmen sich morgens und nachmittags in der Sonne auf, um ihren Körper auf »Betriebstemperatur« zu bringen.*

(2) *Weibchen können bereits im Alter von einem Jahr Nachwuchs bekommen.*

(3) *Äußerst elastische Fußsohlen ermöglichen es Schliefern auch, in Bäume und Büsche zu klettern.*

Mit einer Körperlänge von bis zu 4,4 m ist die Schwarze Mamba (*Dendroaspis polylepis*) die mit Abstand größte Giftschlange Afrikas. Diese elegante, schlanke Schlange ist vom Sudan über Somalia und Senegal bis in das nördliche Südafrika verbreitet. Sie bevorzugt baum- und buschbestandene Savannengebiete in der Nähe von Felsen und hält sich meist am Boden auf, obwohl sie auch ausgezeichnet klettern kann.

Schwarze Mamba: tödliche Schönheit

Schwarze Mamba
Dendroaspis polylepis

Klasse Reptilien
Ordnung Schuppenkriechtiere
Familie Giftnattern
Verbreitung Sudan, Somalia bis nördliches Südafrika
Maße Länge: 2,7–4,4 m
Nahrung Insekten, Vögel, Kleinsäuger
Zahl der Eier 8–15
Schlupfzeit nach etwa 3 Monaten

Eine breite Speisepalette

Schwarze Mambas sind tagaktiv und ziemlich ortstreu. Sie suchen nachts immer wieder den gleichen Unterschlupf auf, z.B. einen hohlen Baum, eine Felsspalte, einen verlassenen Erdferkel- oder Termitenbau. Dorthin flüchten sie auch bei Gefahr oder ziehen sich zurück, wenn die Mittagssonne stark brennt.

Schwarze Mambas haben sehr gute Augen und jagen mit Hilfe ihres Gesichtssinns. Ihre Speisepalette ist breit: Sie fressen ebenso fliegende Termiten wie Halbaffen und selbst andere Schlangen. So wurde schon eine 2,9 m lange Schwarze Mamba beim Verschlingen einer 2,3 m langen Schwarzweißen Kobra (*Naja melanoleuca*) beobachtet. Ihre Hauptnahrung stellen jedoch Vögel und kleine Säuger dar, die blitzschnell attackiert werden. Kleinere Beutetiere werden nach dem ersten Biss festgehalten, größere werden verfolgt und mehrmals gebissen. Das Gift wird durch zwei lange hohle, relativ unbewegliche Fangzähne im Oberkiefer in die Beute injiziert. Mambas können beachtliche Geschwindigkeiten entwickeln – eine Strecke von 43 m innerhalb von 14 s ist belegt. Ist das Opfer zusammengebrochen, wird es auf schlangenübliche Weise unzerteilt und gut eingespeichelt mit dem Kopf voran verschlungen.

Die gefährlichste Giftschlange Afrikas

Der Mensch ist zwar keine Jagdbeute der Schwarzen Mamba, diese haben jedoch ein nervöses Temperament. Werden sie überrascht, ihnen der Fluchtweg zu ihrem Unterschlupf abgeschnitten oder sie in die Enge getrieben, erheben sie drohend den

Das Nest der Webervögel hängt nur an einigen dünnen Ästen; die Schwarze Mamba erreicht es trotzdem.

Vorderkörper und reißen das Maul auf, wobei sie eine schmale Haube abspreizen – vielleicht ein Hinweis auf einen gemeinsamen Vorfahren mit den Kobras. Anders als Kobras können Mambas jedoch auch aus fast jeder anderen Position zubeißen – ohne Zögern und oft mehrmals. Pro Biss werden bis zu 1000 mg Gift appliziert, die tödliche Dosis für einen Erwachsenen liegt bei 120 mg. Das Gift der Schwarzen Mamba ist stark Nerven schädigend und führt rasch zu Lähmungserscheinungen; es tötet einen Menschen innerhalb von wenigen Minuten durch Atemstillstand.

Kommentkämpfe zwischen Männchen

Vor der Paarung, die im südlichen Afrika im Frühling und Frühsommer stattfindet, kommt es zwischen den Männchen zu ritualisierten Auseinandersetzungen, sog. Kommentkämpfen, um die Gunst des Weibchens. Bei einem solchen Kampf richten sich die Rivalen auf und umschlingen einander mehrfach mit dem Vorderkörper. Ziel ist es, den Kopf des Gegners zu Boden zu drücken. Gelingt dies mehrmals, ist der Kampf vorbei. Während sich der Unterlegene aus dem Staub macht, paart sich der Sieger.

Die Weibchen, die zur Brutzeit aggressiver auf Störungen reagieren als sonst, legen 8–15 weiße, ovale Eier an eine feuchtwarme Stelle, z.B. in einen Termitenbau. Nach etwa drei Monaten schlüpfen die ca. 60 cm langen, jetzt noch gelblich grünen Jungen. Sofort nach dem Schlüpfen sind sie selbstständig – und giftig. Sie wachsen sehr rasch und können nach einem Jahr bereits 2 m messen.

Junge Schwarze Mambas werden trotz ihrer Giftigkeit von kleinen Schleichkatzen wie Mangusten oder Ichneumons gefressen; sie fallen auch anderen Schlangen, z.B. der Gestreiften Sandrennnatter (*Psammophis sibilans*) zum Opfer. Selbst erwachsene Mambas haben zahlreiche Feinde wie den Sekretär und andere tagaktive Greifvögel.

An ihrer auffallend gelbgrünen Farbe ist die Jamesons Mamba (Dendroaspis jamesoni) zu erkennen.

Wie orten Riesenschlangen ihre Beute?

Felsenpythons lokalisieren ihre Beute optisch und mit ihrem hoch entwickelten Geruchssinn. Zudem verfügen sie über einen zusätzlichen Sinn: Sie können Wärmestrahlung (Infrarot) wahrnehmen, und zwar mit Wärmesinnesorganen in zahlreichen Lippengruben (Grubenorganen). Durch die Grubenöffnung fällt die Infrarotstrahlung auf eine stark durchblutete Membran am Grund der Grube, in der sich Wärmerezeptoren befinden. Da die Lippengruben auf beiden Seiten der Schnauze liegen, ist der Python so in der Lage, die Wärmequellen – etwa warmblütige Beutetiere – auch nachts zu lokalisieren.

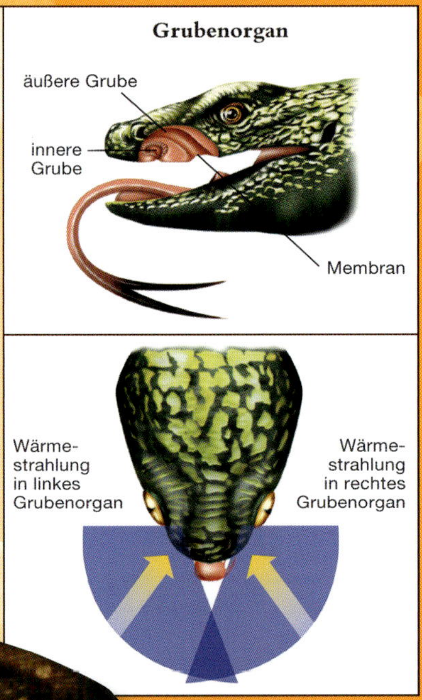

Der Felsenpython: Kraftpaket und Hungerkünstler

Felsenpython
Python sebae

Klasse Reptilien
Ordnung Schuppenkriechtiere
Familie Riesenschlangen
Verbreitung Afrika südlich der Sahara
Maße Länge: 6–8 m
Nahrung Vögel, Säugetiere (z. B. Antilopen, Affen)
Zahl der Eier bis zu 100
Schlupfzeit nach ca. 90 Tagen

Der Felsenpython (*Python sebae*) gehört zu den eindrucksvollsten Reptilien Afrikas. Mit einer Körperlänge von 6–8 m ist diese schwarzbraune, schön gezeichnete Riesenschlange nicht nur eine der größten Schlangen Afrikas, sondern der ganzen Welt. Einst war der Felsenpython in ganz Afrika südlich der Sahara heimisch; heute ist er in seinem ehemaligen Verbreitungsgebiet durch Verfolgung selten geworden. Wichtig für sie ist ein ständiger Zugang zu einer Wasserquelle; deshalb leben sie gern an Ufern stehender oder langsam fließender Gewässer.

Geduldige Lauerjäger

Wie alle Schlangen sind Felsenpythons reine Fleischfresser, aber anders als Giftschlangen töten sie ihre Beute nicht mit Gift, sondern allein durch Muskelkraft. Während Jungschlangen kleine Nager, nestjunge Säuger und Vögel erbeuten, können erwachsene Exemplare auch Wassergeflügel, kleine Antilopen, Affen, Warzenschweine und andere größere Säugetiere überwältigen. Als ausgezeichnete Schwimmer halten sich Felsenpythons gern im Wasser auf und lauern dort, nur Augen und Nasenlöcher über der Oberfläche, unvorsichtigen Beutetieren auf.

An Land verfolgt der vorwiegend dämmerungsaktive Python meist dieselbe Taktik: keine Verfolgung, sondern der Beute auflauern und aus dem Versteck heraus angreifen.

Mühsames Verschlingen der Beute

Um ein Tier zu verschlingen, das deutlich größer ist als seine Mundöffnung, muss der Felsenpython seinen Kiefer aushängen. Während des Schlingaktes atmet der Felsenpython durch eine spezielle Verlängerung der Luftröhre, die sich weit vorn im Mundboden öffnet.

Nach einem solch üppigen Mahl zieht sich die um die Leibesmitte deutlich aufgetriebene Schlange zur Verdauung zurück. Bis zur nächsten erfolgreichen Jagd kann es lange dauern, aber Felsenpythons sind genügsam: Sie können nachweislich 29 Monate hungern.

Umsichtige Mütter

Wie alle Pythons legen auch Felsenpython-Weibchen Eier – bis zu 100 pro Gelege. In dieser Zeit nimmt die Mutter keine Nahrung zu sich und verlässt die Eier höchstens zum Trinken. Wird es zu kalt, kann sie durch Muskelzittern die Temperatur der Eier um einige Grade erhöhen. Wenn die 44 – 60 cm langen Jungtiere nach ca. 90 Tagen schlüpfen, verlässt die Mutter ihren Nachwuchs und sucht ihr verlorenes Gewicht wiederzugewinnen.

Feinde und Gefahren

Trotz ihrer Größe haben selbst erwachsene Felsenpythons Feinde. So fallen sie etwa Löwen und Leoparden zum Opfer. Ihr größter Feind ist jedoch der Mensch. Ihr Fleisch wird gegessen, und ihre Häute sind sehr begehrt zur Herstellung diverser Bekleidungsartikel.

Auch für eine große Schlange wie den Felsenpython ist es mühsam, eine so riesige Beute zu verschlingen – er schafft es dennoch!

Termiten sind mit ca. 2000 Arten vorwiegend in den Tropen verbreitet. Wegen ihres Aussehens und ihrer Eigenschaft, Staaten zu bilden, werden sie häufig auch als »weiße Ameisen« bezeichnet; sie sind jedoch nicht mit Hautflüglern wie Ameisen, sondern mit den Schaben verwandt. Ihren Namen verdanken sie den alten Römern, die alle Holzzerstörer *termes* nannten – »die dem Holz ein Ende bereiten«. So klein Termiten auch sind (wenige Millimeter bis Zentimeter), dank ihrer Anzahl, ihrer Ernährung und Bauten sind sie von entscheidender Bedeutung für ihren Lebensraum.

Termiten: Landschaftsgestalter der afrikanischen Savannen

Unübersehbare Bauwerke

Termitennester unterscheiden sich in Form, Größe und Material. Die südafrikanischen *Apicotermes*-Arten bauen aus zerkautem Holz kürbisgroße Kartonnester unter der Erde. Die im westafrikanischen Regenwald lebenden *Cubitermes*-Arten errichten oberirdische Erdnester, die zum Schutz vor Regen mit Dächern versehen sind und aussehen wie Pilze oder Pagoden. Zu den auffälligsten Bauten der afrikanischen Savanne gehören die Nester der *Macrotermes*-Arten, die für ihre Riesenvölker wahre Hochhäuser errichten. Zweck dieser Konstruktionen ist es, den lichtscheuen, dünnhäutigen, wärme- und feuchtigkeitsliebenden Bewohnern ein angenehmes Mikroklima mit konstanter Temperatur und einer hohen Luftfeuchtigkeit zu garantieren. In diesem oft mehrere Meter hohen Bau mit seinen kompliziert gekammerten Galerien und Gängen, die bei *Macrotermes natalensis* 7 km Gesamtlänge erreichen können, spielt sich fast das gesamte Leben der Termiten ab. Im Zentrum ihres Nestes liegt eingemauert das Königspaar; in den anschließenden Schichten folgen Kammern für Eier und junge Larven (Brutschicht) sowie die Kammern für die älteren Larven, die Arbeiter und Soldaten. Das ganze System ist durch Isolierungen und Luftschächte, die von den Arbeitern je nach Bedarf geöffnet und geschlossen werden können, perfekt klimatisiert; ein ständiger Luftzug sorgt zudem für eine ausreichende Zufuhr von Frischluft und den Abtransport von Kohlendioxid. In den Nestern der pilzzüchtenden Art *Macrotermes natalensis* herrschen angenehme 30 °C und eine Luftfeuchtigkeit von 96 – 99 %. Afrikanische Termitenarten der Gattung *Trinervitermes* bauen zur Deckung ihres Wasserbedarfs unter ihr Nest bis zu 40 m lange Stollen bis zum Grundwasser – in lockerem Sandboden eine bautechnische Meisterleistung!

Die markanten Bauten der Termiten sind perfekt klimatisiert.

Einer der größten Feinde der Termiten ist das Erdferkel, das mit seinen starken Krallen problemlos die steinharten Bauten aufbrechen kann.

Die Pilzgärten der Riesentermiten

Unermüdlich transportieren Arbeiterinnen Nahrungspartikel aus ihrem »Pilzgarten« ab.

Eine außergewöhnliche Form der Celluloseverwertung haben Mitglieder einer Gruppe von Termiten gefunden, zu denen auch *Macrotermes*-Arten gehören. Sie unterscheiden sich von anderen Termiten, da sie Pilzzüchter sind. Aus Holz und Laub, das sie mit ihrem Kot vermischen, bereiten sie in besonderen Pilzkammern einen cellulosereichen Nährboden. Auf diesem Kompost gedeihen Hutpilze, die das Lignin des Holzes und andere Pflanzenbestandteile in Verbindungen abbauen, welche von den Termiten verdaut werden können. Anders als die Blattschneiderameisen, die sich von Pilzfleisch ernähren, fressen die Macrotermes-Arten nicht die Pilze, sondern die vom Pilz »vorverdauten« älteren Teile des Nährbodens.

Verdauung mit Symbionten

Primitive Arten ernähren sich vorwiegend von der Zellulose und dem Lignin im Holz toter Bäume. Die Speisekarte höher entwickelter Termiten ist abwechslungsreicher und umfasst neben Holz fast alle organischen Stoffe wie Laub, Dung, Wolle und Horn.

Die Holz fressenden Arten haben das Problem, die aufgenommene Zellulose nicht richtig verdauen zu können, weil ihnen das nötige Enzym (Zellulase) fehlt. Deshalb lassen sich niedere Termiten von symbiotischen Einzellern, sog. Geißeltierchen, unterstützen, die in ihrem Darm in speziellen Gärkammern wohnen. Diese können die Zellulose mithilfe von Bakterien in ihrem Zellplasma zu Zucker abbauen, der den Termiten zugutekommt.

Ein Königspaar für den Nachwuchs

Alle Koloniemitglieder stammen von einem einzigen Elternpaar ab, der Königin und dem König, die die Kolonie nach ihrem Schwarmflug gegründet haben. Hat das Paar eine geeignete Erdspalte gefunden, wirft es die Flügel ab und gräbt eine Hochzeitskammer; erst dort kommt es zur Paarung. Alle Eier werden befruchtet und entwickeln sich zu männlichen und weiblichen Nachkommen; im Gegensatz zum Ameisenstaat ist der Termitenstaat also kein reiner Frauenstaat. Nach der ersten Eiablage legt die Königin eine Legepause ein, denn um die ersten Eier und Larven muss sich das Paar selbst kümmern. Als Reserve dient ihnen dabei ihr Fettkörper; zudem schmelzen sie die nun überflüssig gewordenen Flugmuskeln und Augen ein.

Sobald die ersten Arbeiter herangewachsen sind und Futter herbeischaffen, widmen sich beide nur noch der Fortpflanzung. Eingemauert in eine Kammer, die nur eine kleine Öffnung zum Abtransport der Eier aufweist, produzieren beide über ein bis zwei Jahrzehnte hinweg ein Millionenvolk. Die beiden bilden ein seltsames Paar: Er ist kaum zentimetergroß, sie im Vergleich dazu riesig – Königinnen von *Macrotermes natalensis* können bis zu 14 cm lang werden. Selbst wenn der Bau von Treiberameisen überfallen oder von Erdferkeln aufgerissen wird, gehen Eiablage und Abtransport der Eier wie am Fließband weiter. So bringt es eine Riesentermitenkönigin auf mehrere 100 Mio. Nachkommen.

Die Königin ist ständig von Soldaten und Arbeitern umgeben.

Neben der riesenhaften Königin wirkt der König im Vordergrund fast winzig.

Die Nachkommen des Gründerpaares sind genetisch männliche und weibliche Tiere, die sich nicht bis zum Vollinsekt (*Imago*) fortentwickeln und daher steril und flügellos sind. Sie gehören verschiedenen »Kasten« an: Neben den Geschlechtstieren gibt es blinde Arbeiter, die sich um Bau und Instandhaltung, Pflege der Pilzgärten und um die Brut kümmern, sowie größere Soldaten, die für die Verteidigung zuständig sind. Bei den *Macrotermes*-Soldaten sind die Kiefer in Beißzangen umgewandelt, so dass sie nicht eigenständig fressen können und von den Arbeitern gefüttert werden müssen.

Die Kommunikation erfolgt überwiegend auf chemischem Weg; die Sinnesorgane dazu sitzen auf den beiden perlschnurartig geformten Fühlern der Tiere.

Nutzen für viele

Zahlreiche Jäger wie Leoparden und Geparden nutzen die hohen Termitenbauten als Ausguck, um sich einen Überblick zu verschaffen. Schlangen wie der Königspython (*Python regale*) suchen gern Unterschlupf in frisch verlassenen Termitenhügeln. Und es gibt kaum einen großen Savannenbewohner, der Termitenbauten nicht dazu nutzt, sich daran zu scheuern und Hautpflege zu betreiben.

Zwar sind Termiten in ihren Festungen vor Feinden gut geschützt, dennoch haben sich einige Tiere gerade auf diese eiweiß- und fettreiche Nahrung spezialisiert, allen voran Erdferkel (*Orycteropus afer*) und Steppen-Schuppentier. Diese Termitenfresser können die Bauten aufgraben und die Bewohner mit ihrer Zunge auflecken. Der Erdwolf (*Proteles cristatus*) hat sich auf die oberirdischen Ernteameisen spezialisiert. Er rollt sich aber tagsüber gern in von Erdferkeln ausgehöhlten Termitenbauten ein. Anders gehen Treiberameisen vor, wenn sie ein Termitennest plündern: Dort, wo das Mauerwerk noch weich ist, reißen sie es auf, dringen in den Bau ein und schleppen die Leichen der überwundenen Termiten heraus.

Treiberameisen: ein Heer auf dem Kriegspfad

Ostafrikanische Treiberameise
Dorylus molestus

Klasse Insekten
Ordnung Hautflügler
Familie Ameisen
Verbreitung Ostafrika
Maße Länge: Arbeiterin 3–11 mm
Nahrung alle greifbaren Tiere

Ameisen – jeder kennt sie und den meisten erscheinen sie relativ gleichartig. Dabei gibt es unter den fast 10 000 bekannten Ameisenarten gewaltige Unterschiede nicht nur in der Größe – eine ganze Kolonie kleiner Ameisen wie *Oligomyrmex* könnte in der Kopfkapsel der Riesenameise *Camponotus* leben –, sondern auch im Sozialverhalten und in der Ernährungsweise. Und so haben die afrikanischen Treiberameisen auch nur wenig mit jenen Ameisen zu tun, die man beim Picknick von der Decke scheucht.

Auf ihrem Zug bilden Treiberameisen lange Kolonnen.

Die Heere der Treiberameisen umfassen bis zu zwei Millionen Tiere.

Eine Schneise der Vernichtung

Während die meisten Ameisen standorttreue Staaten bilden, sind die afrikanischen Treiberameisen Nomaden, die auf Beutefang gehen und dazu mit dem gesamten Hofstaat von einem Ort zum anderen ziehen; daher werden sie auch als »Wanderameisen« bezeichnet. Dieser Hofstaat besteht aus einer fruchtbaren Königin, flügellosen Arbeiterinnen und Soldatinnen sowie Larven und Eiern; er stellt im Gegensatz zu Termiten mit ihrer Elternfamilie eine Mutterfamilie dar.

Vor allem die räuberischen Arten sind gefürchtet, weil sie selbst große Tiere umbringen und mit ihren scharfen Kiefern zerschneiden. Ihr gewaltiges, aus bis zu zwei Millionen Individuen bestehendes Heer, das sich mit einer Geschwindigkeit von ca. 20 Metern pro Stunde vorwärts bewegt, vernichtet auf seinem Weg alles tierische Leben und hinterlässt eine Schneise der Verwüstung. Kein Hindernis kann sie aufhalten. Kommt das Heer an einen kleinen Wasserlauf, verhaken sich die Arbeiterinnen miteinander, so dass eine »lebende Brücke« entsteht und die Kolonne darüber marschieren kann. Nähert sich eine Kolonne einer Farm, so ergreifen sämtliche Bewohner die Flucht. Von zurückgelassenen Tieren finden sie bei ihrer Rückkehr nur noch Federn, Haare oder Knochenhaufen vor.

Überbordende Fruchtbarkeit

Alle Arbeiterinnen stammen von einer Königin ab. Sie ist das einzig fruchtbare Weibchen im Staat. Ihr Hinterleib ist zu einer »Eierfabrik« angeschwollen und ihre Fruchtbarkeit ist die wohl höchste im ganzen Tierreich: Königinnen der Art *Dorylus wilverthi* können alle 25 Tage drei bis vier Millionen Eier legen.

Der Treiberameisenstaat als Superorganismus

»Eine einzelne Ameise ist … eigentlich gar keine Ameise", findet der Insektenforscher Bert Hölldobler. Nicht das Einzeltier, sondern die Kolonie ist der eigentliche Organismus, wie er am Beispiel der *Dorylus*-Treiberameisen zeigt. Sie stellen nach Ansicht des Forschers einen Superorganismus dar, denn sie sind trotz ihres winzigen Gehirns fähig, durch Verknüpfung einfacher Signale enge soziale Bande zu schmieden und komplexe Sozialstrukturen aufzubauen. Dabei spielt neben dem taktilen Erkennen durch Betrillern mit den Fühlern eine streng festgelegte chemische Kommunikation die entscheidende Rolle. Dieses starre Kommunikationssystem ist gleichzeitig Stärke und Schwäche des Superorganismus, denn wer den Code knackt, kann sich in den Staat einschleichen…

Urheimat Gondwana

Treiberameisen galten bisher als unabhängige Produkte der Evolution. DNA-Untersuchungen der 30 Arten haben jedoch ergeben, dass sie nur ein einziges Mal entstanden sind – vor ca. 100 Mio. Jahren. Ihre Heimat war der Urkontinent Gondwana. Als er zerbrach und die heutigen Kontinente auseinander drifteten, nahmen sie die Vorfahren der Treiberameisen als Passagiere mit.

TROCKENE GRASLÄNDER AUSTRALIENS

Einzigartige Flora und Fauna

Kein Kontinent wird so von Trockenregionen geprägt wie die »Terrra australis«. Der »Outback« geht im Norden von Wald- und Feuchtsavanne in Trockensavanne und in eine Buschland genannte Dornsavanne über. Im Zentralbereich des Kontinents überwiegt Halbwüste, weiter südlich finden sich Trockensteppen. Der gesamte Erdteil war über viele Jahrmillionen von allen anderen Lebensräumen der Erde getrennt und so hat die Tier- und Pflanzenwelt einen eigenen Entwicklungsweg genommen. Hier überlebten Beuteltiere und die noch urtümlicheren Kloakentiere.

Grassavanne und Buschland

Die Trockengebiete in Nord- und Mittelaustralien sind geprägt vom Wechsel zweier Jahreszeiten, der Trocken- und der Regenzeit. Savannen und Buschland, die während der Trockenzeit an Wüsten erinnern, verwandeln sich in der Regenzeit in blühende Graslandschaften. Die vielen Pflanzen- und Tierarten haben sich an die karge Umgebung gewöhnt und sich auf unterschiedliche Weise diesem Wechsel angepasst.

Die Baumsavanne

Savannen sind die typische Vegetationsform der wechselfeuchten Tropen. Während die Bäume der immerfeuchten Tropen immergrün sind, werfen viele Bäume der Savannenregionen in der Trockenperiode ihr Laub ab. Der Grund dafür liegt nicht in zu niedrigen Temperaturen, denn die Schwankungen der täglichen Durchschnittstemperatur im Jahresverlauf sind sehr gering und Frostgefahr besteht in den Savannen Australiens selbst in Höhenlagen so gut wie gar nicht. Es ist die Trockenheit der Dürreperiode, die für die Vegetationsruhe verantwortlich ist. Ausschlaggebend für die Ausprägung der Savannenlandschaft ist also weniger die Gesamtmenge der jährlichen Niederschläge, sondern vielmehr die Verteilung des Regens im Jahresverlauf.

So muss die australische Nordküste trotz bis zu 1600 mm Niederschlag pro Jahr zu den Trockengebieten gezählt werden. Denn von Anfang Mai bis Ende September fallen hier nur insgesamt ca. 50–60 mm. Unter diesen Bedingungen entstehen selten dichte Wälder. Zwischen den einzelnen Bäumen bilden vor allem Gräser eine geschlossene Vegetationsdecke. Ist der Anteil der Bäume und Gräser hoch, bezeichnet man diesen Vegetationstyp als Feuchtwald, ist er niedrig, als Feucht- oder Baumsavanne.

Blick auf die australische Grassavanne im Purnululu-Nationalpark.

Es wird trockener …

Von der Nordküste aus wird das Klima in südliche Richtung immer kontinentaler und die Anzahl der ariden Monate nimmt zu. Wenn acht oder mehr Monate eines Jahres niederschlagsfrei oder regenarm ausfallen, wachsen Bäume nur noch sehr vereinzelt entlang von Flussläufen oder an Standorten mit besonders geeigneten Böden. Die Vegetation wird hier vornehmlich von Gräsern und Sträuchern gebildet und ihr Deckungsgrad beträgt immer noch 100%. An diesen Vegetationstyp der Trockensavanne schließen sich weiter südlich, bis etwa zur geographischen Breite des südlichen Wendekreises, die Buschlandregionen an. Sie sind gekennzeichnet von fast völligem Fehlen von Bäumen und einem Klima mit zehn oder mehr ariden Monaten. Die Vegetationsdecke ist nur noch zu ca. 50% geschlossen und besteht fast ausschließlich aus Horstgräsern und xeromorphen, also besonders an die Trockenheit angepassten Büschen und Sträuchern (von griechisch »xeros«, trocken). Damit ähneln die Buschländer den Dornstrauchsavannen Ost- und Südafrikas. Allerdings weisen die australischen Strauchgewächse nur in den seltensten Fällen Dornen auf. Da große Weidetierherden in Australien nicht natürlich vorkamen, sondern erst von den Einwanderern eingeführt wurden, hatten die Pflanzen keinen Anlass, derartige Schutzmaßnahmen auszubilden.

Im Innersten des Landes sinken die Niederschläge noch weiter und die Trockenzeit hält das ganze Jahr an. Da aber nahezu überall in Australien auch in den ariden Monaten wenigstens vereinzelt Regen fällt, fehlen echte Wüsten völlig. Hier hat sich die Vegetationsform der Halbwüste herausgebildet mit den charakteristischen vereinzelten Gräsern und Xeropyhten.

Natürliche Buschfeuer und Brandrodung

Eine wichtige Rolle für den Erhalt des ökologischen Gleichgewichts spielen Vegetationsbrände. Feuer entzünden sich bei extremer Trockenheit meist durch Blitzeinschläge. Solche Brände bedeuten hier keineswegs nur Zerstörung und Tod, sondern sind auch Voraussetzung für Regeneration und Neubeginn. Da abgestorbene Pflanzen nur sehr langsam verrotten, sorgen die Brände für einen Abbau des toten organischen Materials. Die zurückbleibende Asche bietet den überlebenden Pflanzen neue Nährstoffe. Kleinere Brände sind also für die Natur von Vorteil. Nur wenn nach längeren Perioden ohne Brände ein Feuer eine große Menge Totholz und Stroh als Nahrung vorfindet, entstehen die gefürchteten großen Buschbrände. Diese entfalten eine derartige Hitze, dass auch die Kronenbereiche der Bäume Feuer fangen und somit enorme Schäden angerichtet werden. Eine solche Katastrophe suchte Anfang 2002 u.a. Sydney heim und vernichtete über 500 Häuser. Die Behörden verzichten mittlerweile darauf, kleine natürliche Feuer sofort zu löschen.

Ein Feuerwehrmann bekämpft die Flammen des Buschbrands, der 2002 Sydney bedrohte.

Trockensavanne im Gebiet der Berggruppe der Olgas in Zentralaustralien.

Pflanzen passen sich an

Die meisten Bäume in den australischen Feucht- und Trockensavannen gehören zu den Gattungen *Eucalyptus* und *Acacia*. Beide sind typisch für die australische Fauna und kommen mit vielen, meist endemischen Arten auch in den anderen Vegetationszonen vor. Eukalyptus ist der Familie der Myrtengewächse (*Myrtaceae*) zugeordnet und weltweit einer der wenigen immergrünen Savannenbäume. Da er auch in der Trockenzeit seine Blätter nicht abwirft, kann er die Verdunstung nicht ganz so stark einschränken wie die trockenkahlen Bäume. Eukalyptusbäume benötigen deshalb vergleichsweise viel Wasser, welches sie durch ein weit verzweigtes und tief reichendes Wurzelwerk zu erreichen suchen. Deshalb werden die Abstände zwischen den einzelnen Bäumen mit zunehmender Aridität größer und sie sind meist nur in der Nähe von Flüssen zu finden. In den tropischen Trockengebieten Australiens ist der Geistereukalyptus am häufigsten (*Eucalyptus papuana*), der Rote Flusseukalyptus (*Eucalyptus camaldulensis*) gedeiht an Flussläufen.

Das Thermometerhuhn

Ein Thermometerhuhn auf seinem ca. 60 cm hohen Bruthügel.

In den südlicheren Graslandgebieten lebt ein Vogel mit einem ganz besonderen Brutverhalten: *Leipoa ocellata*, von den Australiern Malleefowl, auf Deutsch Thermometerhuhn genannt. Die Männchen dieser scheuen Einzelgänger tragen von Juni bis August al-tes Pflanzenmaterial zu einem Hügel zusammen, worin es in den folgenden Monaten zu verrotten beginnt. Durch Entfernen oder Zufügen von organischem Material wird die Temperatur genau reguliert, so dass für die Eier, die das Weibchen in eine Brutkammer im Hügel legt, optimale Bedingungen herrschen.

Zu den Laub abwerfenden Arten gehören der Australische Baobab und die Akazien. Akazien treten sowohl als Bäume wie auch als Sträucher auf und stellen eine Pflanzengattung aus der Unterfamilie der Mimosengewächse (*Mimosoideae*) dar, die wiederum der Familie der Hülsenfrüchtler (*Fabaceae*) zugeordnet ist. Die Gattung *Acacia* weist alleine über 1 200 Arten auf, von denen ein großer Teil in Australien heimisch ist. Die in den Trockengebieten vorherrschende Art ist die Mulga-Akazie (oder Mulga-Busch, *Acacia aneura*). Diese Art ist endemisch und erreicht unter günstigen Bedingungen bis zu 15 m Höhe, schafft es in Trockensavanne und Buschland aber nur auf 2–3 m. In den Buschlandregionen ist diese Akazie so dominant, dass sie fast schon einen eigenen Vegetationstyp darstellt, der von den Australiern »Mulga scrub« (»Mulga-Gestrüpp«) genannt wird. Tatsächlich bildet die Vegetation dort ein für Menschen und größere Tiere nahezu undurchdringliches Dickicht und bietet daher vielen kleinen Tieren Schutz vor Feinden.

Die Mulga ist auf verschiedene Weise an das Leben in Trockengebieten angepasst. Die Pflanzen besitzen sog. Phyllodien, d. h. blattartig verbreiterte Blattstiele, welche die Fotosynthesetätigkeit der Blattspreite übernehmen. Zum weiteren Schutz vor Verdunstung sind die Phyllodien fein behaart – bei Xerophyten häufig zu beobachten.

Die Gräser der tropischen Savannen Australiens weisen überirdisch keine xeromorphen Merkmale auf, denn in der Trockenzeit verdorren die Halme. Aber als sog. Geophyten überleben die Pflanzen unter der Erde. Neben den Wurzeln besitzen sie ein horizontales Sprosssystem (*Rhizom*), das u. a. Nährstoffe speichert. Zu den häufigsten Gräsern in den Feuchtsavannen zählen das Mitchellgras (*Astrebla lappacea*) sowie verschiedene Arten der Gattung *Sorghum* (sog. Mohrenhirse). Im trockenen Landesinneren sind Bartgräser (*Chrysopogon*) und Liebesgras (*Eragrostis*) die wichtigsten Vertreter.

Die Tierwelt des Outback

Die Tier- und Pflanzenwelt der trockenen Grasländer Australiens ist an den Wechsel zwischen ariden und humiden Monaten angepasst. Einige generelle Schutzmaßnahmen vor Trockenheit und Hitze werden sowohl von Beuteltieren als auch von Reptilien, Amphibien und Wirbellosen angewandt. Dazu gehören ein nachtaktives Leben und das Anlegen von unterirdischen Höhlen, in die sich die Tiere tagsüber zurückziehen können. Eine vor allem unter Insekten, aber auch bei vielen Reptilien und Amphibien verbreitete Anpassung ist die Dormanz, eine dem Winterschlaf oder der Winterruhe vergleichbare Ruhephase, die die gesamte Trockenzeit andauert.

Die imposantesten Tiere der trockenen Grasländer sind die Riesenkängurus der Gattung *Macropus*. Auch bei den Wallabys – frei übersetzt bedeutet dieser aus einer Aborigine-Sprache entlehnte Ausdruck »kleines Känguru« – finden sich interessante Vertreter. Die Savannen- und Buschkängurus passen sich an die Trockenzeit an, indem sie große Strecken zurücklegen und je nach Saison in verschiedenen Regionen leben. Zudem haben sie ein an wiederkäuende Paarhufer erinnerndes Verdauungssystem mit mehrteiligem Magen entwickelt. Das erlaubt ihnen, auch nährstoffarme Nahrung, vornehmlich Gräser, zu sich zu nehmen. Kakadus und andere Papageien sowie viele Greifvögel ziehen nach dem Ende der Regenzeit in die Küstengebiete.

Der Australische Baobab lässt mit Beginn der Trockenzeit seine Blätter fallen.

Als dämmerungs- und nachtaktives Tier verschläft der Koala den Tag im Baum.

Neben den Kängurus und den Beutelratten ist der Koala das bei uns bekannteste Beuteltier. 1798 wurde er erstmals von einem Europäer beschrieben. Die heute noch gültige wissenschaftliche Bezeichnung *Phascolarctus cinereus* stammt aus dem Jahr 1816. Wörtlich übersetzt bedeutet sie »aschgrauer Beutelbär«. Koalas sind jedoch Beuteltiere (*Marsupialia*), während Bären der Familie der Plazentatiere (*Placentalia*) zugeordnet werden.

Koalas: Bewohner der Eukalyptuswälder

Perfekt an den Eukalyptuswald angepasst

In freier Natur ist es schwierig, Koalas zu entdecken, denn die Fellfarbe verschmilzt förmlich mit der Rindenfarbe der Eukalyptusbäume. Ihr plumpes Erscheinungsbild lässt zunächst nicht vermuten, dass sie kräftige und muskulöse Tiere sind. Ihr Körper ist perfekt an ein Leben in Eukalyptusbäumen angepasst, schließlich verbringen sie dort den überwiegenden Teil ihres Daseins. Koalas sind gute Kletterer und Springer. Der Körper ist kurz und gedrungen, die Vorderarme verhältnismäßig lang, die Hinterbeine vergleichsweise kurz – optimale Voraussetzungen, um an dicken, hohen Baumstämmen hinauf- und herunterklettern zu können. Die Anatomie der Hände, Füße und Krallen sorgen für große Sicherheit beim Klettern. Von den fünf bekrallten Fingern können zwei gegenständig wie Daumen benutzt werden. Das ermöglicht einen festen Griff. Wenn ihnen Gefahr droht, können sich Koalas schnell bewegen, selbst auf dem Boden. Falls nötig, sind sie auch in der Lage, zu schwimmen.

Koalas sind dämmerungs- und nachtaktive Tiere, deshalb spielt der Gehörsinn eine wichtige Rolle. Ihre Ohren sind entsprechend groß. Koalas besitzen eine senkrechte

Die Leibspeise der Koalas: die frischen grünen Blätter der Eukalyptusbäume.

Koala
Phascolarctus cinereus

Klasse Säugetiere
Ordnung Diprotodontia
Familie Koalas
Verbreitung in den Eukalyptuswäldern Australiens
Maße Kopf-Rumpf-Länge: 72–78 cm
Standhöhe: 30–45 cm
Gewicht 5–12 kg
Nahrung vorwiegend Eukalyptusblätter
Geschlechtsreife Männchen mit 3–4 Jahren, Weibchen mit 2 Jahren
Tragzeit ca. 35 Tage; Beuteltragzeit ca. 7 Monate
Zahl der Jungen 1
Höchstalter über 15 Jahre (in menschlicher Obhut)

Schlitziris, um auch im Dunkeln das noch vorhandene Licht optimal auszunutzen.

Die Augen sind jedoch nur von untergeordneter Bedeutung. Weit wichtiger ist der Geruchssinn. Die Nase ist von weicher, schwarzer und ledriger Haut bedeckt und ein hochsensibles Sinnesorgan, das dem Tier vielfältige Informationen aus seinem Lebensraum liefert. Sie befähigt den Koala, die richtige Nahrung auszuwählen, Gefahren wahrzunehmen und andere Koalas zu registrieren. Anhand des Geruchs erkennt er das Territorium der Gruppe sowie einzelne Reviergrenzen. Männchen nehmen so auch die Hitze und Paarungsbereitschaft der Weibchen wahr.

Männchen und Weibchen

Einen männlichen Koala erkennt man an seiner Brustdrüse, die er zur Markierung seines Territoriums verwendet. Die Drüsensekrete hinterlassen eine braune Färbung auf der Brust. Außerdem können ausgewachsene Männchen bis zu 50% größer sein als Weibchen. Die Kopfform der Männchen ist etwas flacher und länglicher, über der Nase befindet sich eine hakige Krümmung. In Victoria beträgt das Durchschnittsgewicht eines Männchens circa 12 kg, das eines Weibchens 8 kg. Queensland-Koalas sind kleiner und leichter.

Eukalyptus-Feinschmecker

Koalas ernähren sich überwiegend von den Blättern der Gattung *Eucalyptus*. Dabei können von den über 300 in Australien vorkommenden Eukalyptus-Arten nur etwa 20 von den Tieren verdaut werden. Sie ergänzen ihre Nahrung durch die Blätter einiger anderer Baumarten. Koalas leben nur dort, wo die wenigen von ihnen verzehrten Eukalyptusarten vorkommen. Jede Kolonie ernährt sich auf ihre Weise. Es kann durchaus sein, dass ein Gebiet mit Eukalyptusarten, die normalerweise als Nahrung dienen, von einer Kolonie verschmäht wird, weil der bevorzugte Eukalyptus nicht dabei ist. Dieses Verhalten stellt ein großes Problem bei der Wiederherstellung von Aufenthaltsbereichen für Koalas dar.

Koalas wählen die Blätter, die sie verzehren, mit Bedacht. Jedes Büschel wird eingehend beschnuppert, bevor es zum Mund geführt wird. Dort werden sie zu einem feinen Brei zerkaut. Die Backenzähne sind so geformt, dass sie die Zellwände zerstören, was die Verdauung erleichtert. Gleichzeitig wird den Blättern Feuchtigkeit entzogen. Eukalyptusblätter sind wenig nahrhaft. Ihre Hauptbestandteile sind schwer verdauliche Zellulose und Wasser. Die Blätter enthalten toxische Stoffe, die von der Leber aus dem Blut herausgefiltert und schließlich mit dem Urin ausgeschieden werden. Koalas haben mit zwei Metern Länge den längsten Blinddarm aller Säugetiere. In ihm befinden sich Mikroorganismen, die die Fasern des Eukalyptus aufspalten, so dass dem Koala die Kohlenhydrate in Form von Stärke und Zucker zur Verfügung stehen. Der niedrige Energiegehalt der Nahrung nötigt die Koalas förmlich zum Müßiggang. Sie schlafen gut zwanzig Stunden pro Tag. Die verbleibenden knapp vier Stunden verwenden sie zur Nahrungsaufnahme, zum Wechsel des Futterplatzes und zur Pflege sozialer Kontakte.

Das Wort Koala bedeutet bei den Aborigines soviel wie »ohne Wasser«. Der Koala trägt seinen Namen zu Recht, denn er trinkt wenig und nimmt das meiste Wasser mit den Eukalyptusblättern auf.

Umsorgter Nachwuchs

Im Frühling und Sommer (in Australien September bis März), wenn ein reiches Nahrungsangebot herrscht, pflanzen sich die Koalas fort. Mit zwei Jahren werden die Weibchen geschlechtsreif. Sie bringen im

Auf dem Rücken der Mutter ist das Junge in Sicherheit und lernt ganz nebenbei, welche Blätter genießbar sind.

Jahr meist ein Junges zur Welt. Im Schnitt wird ein Weibchen 12 Jahre alt und gebiert fünf oder sechs Junge. Die Tragzeit der Koalaweibchen dauert nur 35 Tage. Bei der Geburt ist das Junge kleiner als zwei Zentimeter und wiegt weniger als ein Gramm. Es kommt haarlos, blind und ohne Ohren zur Welt. Dank seines gut entwickelten Geruchs- und Tastsinnes und den kräftigen Armen und Krallen schafft es das Junge, ohne fremde Hilfe vom Geburtskanal in den Beutel zu krabbeln. Dort hängt es sich an eine der beiden Zitzen. Mit einem Schließmuskel kann die Mutter den Beutel zum Schutz des Jungen verschließen. Dort bleibt das Junge während der nächsten sechs bis sieben Monate und ernährt sich ausschließlich von Muttermilch. In den folgenden acht Wochen produziert die Mutter zusätzlich eine proteinreiche Substanz, die die Nahrungsumstellung von der Muttermilch auf die schwer verdaulichen Eukalyptusblätter ermöglicht. Das Junge kommt nun immer häufiger ans Tageslicht und wagt sich schließlich ganz aus dem Beutel der Mutter, krallt sich auf ihrem Rücken fest und beginnt, sich von frischen Eukalyptusblättern zu ernähren. Dennoch gehört für Koalas bis zur Vollendung des ersten Lebensjahrs Muttermilch zum festen Bestandteil der Nahrung.

Wenn das nächste Junge geboren wird, ist für den jungen Koala der Zeitpunkt gekommen, sich von der Mutter zu trennen und sich sein eigenes Nahrungsrevier zu suchen. Koalas sind soziale Tiere, auch wenn dies auf den ersten Blick schwer zu erkennen ist. Sie leben in einer Kolonie, in der jedes Tier entsprechend seinem sozialhierarchischen Status, seinem Geschlecht und Alter einen eigenen kleinen Lebensraum bewohnt. Hier finden sie Nahrung, Schutz und Raum für soziale Kontakte. Die Tiere respektieren die jeweiligen Reviere der anderen.

Gefährdung

Koalas haben kaum noch natürliche Feinde. Große Buschbrände haben sich jedoch zur Gefahr entwickelt, weil die Tiere in die Baumkronen flüchten und dort verbrennen. Seit der Besiedlung Australiens sind über 80 % der Eukalyptuswälder zerstört worden. Für die Koalas bedeutet das den Verlust von Nahrung sowie von Rückzugsmöglichkeiten und einer intakten Sozialstruktur. Der Kontakt zu anderen Kolonien wird unterbrochen. Der Wettbewerb unter den Tieren um Nahrung nimmt zu und der Genaustausch mit anderen Populationen findet nicht mehr statt.

Von der Jagdbeute zum Nationalsymbol

Im Verlauf des 19. bis zu Beginn des 20. Jahrhunderts wurden Millionen Koalas getötet, weil vor allem die Amerikaner ihre Felle sehr schätzten und mit diesen viel Geld zu verdienen war. Dadurch wurden die Tiere in einigen Gegenden völlig ausgerottet, in anderen waren sie vom Aussterben bedroht. Schließlich wurde 1919 ein Gesetz beschlossen, das die Jagd auf Koalas verbot. Dies geschah in der Hoffnung, dass sich die Koalas wieder vermehren würden, so dass man sie anschließend erneut bejagen könnte. 1927 wurde das Gesetz wieder aufgehoben und innerhalb von 31 Tagen wurden 800 000 Koalas getötet. Dies führte zu starken öffentlichen Protesten. Die Regierung wurde abgewählt und die Jagd auf Koalas kurze Zeit später verboten. In den 1930er Jahren wurde der Koala schließlich unter Schutz gestellt. Ursprünglich nur als Pelzlieferant betrachtet, entwickelte er sich allmählich zu einem australischen Nationalsymbol.

Koalas kommen zwar nur selten auf den Boden, bewegen sich dort aber sehr geschickt.

Es gibt knapp 100 Känguruarten und -unterarten, welche die unterschiedlichsten Lebensräume besiedelt haben. Unser Bild vom Känguru ist aber wesentlich geprägt von den Riesenkängurus der Gattung *Macropus*. Der Einfachheit halber werden diese hier, zusammen mit den kleineren Wallabys, kurz als »Känguru« bezeichnet.

Auch größere Jungtiere suchen bei Gefahr noch Schutz im mütterlichen Beutel.

Auf dem Platz der Huftiere: Kängurus

Pflanzenfressergebiss und Vormägen

Das Gebiss der großen Kängurus ist hervorragend an die Grasnahrung angepasst. Beim Fressen erfassen die Schneidezähne die Grashalme, mit einem Kopfruck werden dann die oberen Sprossteile abgerissen. Die Grasfasern werden mit den Backenzähnen zerkleinert, so dass der Nahrungsbrei besser verdaut werden kann. Zum Kauen wird normalerweise nur der zweite und dritte Backenzahn benutzt, denn die Zahnreihe ist gewölbt. Abgenutzte Backenzähne schieben sich nach vorn in Richtung Schneidezähne bis sie schließlich ausfallen, während von hinten neue nachrücken.

Viele Beuteltierarten, z. B. die Kängurus, kommen ausschließlich in Australien und auf den benachbarten Inseln vor.

Der Magen der Kängurus ist unterteilt in Vormägen und Hauptmagen. Wie weit die Pflanzen dort aufgespaltet und verdaut werden, hängt von Cellulosegehalt und Alter der Pflanzen ab; junge Triebe werden zu 97%, ältere nur zu 57% verwertet. Ein Känguru kann die Verfügbarkeit von Nährstoffen durch die Auswahl seiner Futterpflanzen

Das Rote Riesenkänguru ist das größte Beuteltier der Welt und der wichtigste Pflanzenfresser der australischen Trockenregionen.

beeinflussen und wählen, ob es weniger frisst, dafür aber die Nahrung besser aufspaltet, oder mehr vertilgt und nur die schnell verdaulichen Teile nutzt. In Trockenzeiten mit ihrem geringen und minderwertigen Nahrungsangebot verbleibt die Nahrung länger im Darm als in der Regenzeit.

Wassersparer und Kühlkünstler

Kängurus schützen sich vor Überhitzung durch Verdunstung und sind daher auf ausreichende Wasservorräte angewiesen. Die Tiere haben verschiedene Anpassungen zum sparsamen Umgang mit Wasser entwickelt. Sie können je nach Witterung 14 Tage bis mehrere Monate ohne frisches Trinkwasser auskommen. Das Rote Riesenkänguru kommt auch mit großer Trockenheit zurecht. Problemlos kann es 20% seines Körperwassers verlieren und innerhalb von 24 Stunden ohne Schaden wieder ausgleichen. Dabei kann die Hälfte des fehlenden Wassers innerhalb von fünf Minuten aufgenommen werden. In Trockenzeiten konzentrieren die Tiere ihren Urin so stark, dass sie tagelang nicht mehr »müssen«, und gewinnen auch aus dem Kot das letzte Quäntchen Wasser zurück.

In der Mittagshitze eines heißen Sommertages ist jede Bewegung zu viel und die roten Riesen suchen Schatten spendende Bäume und Sträucher auf. Sie lecken ihre Vorderläufe und speicheln sie ein, denn die Verdunstung des Speichels senkt die Bluttemperatur und bringt Abkühlung. Breitbeinig und nach vorne gebeugt stellen sie sich mit eingeklemmtem Schwanz in den Schatten. Ihr dickes, dichtes Fell reflektiert 70% der infraroten Wärmeeinstrahlung.

Tierische Gärtner

Um sich Abkühlung zu verschaffen, bauen Kängurus sog. Hüftlöcher (»Hip Holes«). Das sind ca. 10 cm tiefe und 80 cm lange Mulden, die genügend Platz für die Hinterbeine bieten und an schattigen Plätzen gegraben werden. Die Körperwärme wird in den tiefer liegenden und darum kühleren

Kängurus weiden auch gerne in Gruppen.

Boden abgeleitet. Durch das Graben und Besetzen der Hip Holes lockern die Kängurus den Boden auf und reichern ihn mit ihren Exkrementen, also mit Nährstoffen an. In unbesetzten Mulden sammeln sich mit der Zeit organische Abfälle an. Bakterien zersetzen sie und schaffen Nährstoffe für Pflanzen und im Boden lebende Kleinlebewesen.

In Trockenzeiten schließen sich Kängurus gelegentlich zu mehreren tausend Tieren zusammen und ziehen von einem abgeweideten Gebiet in ein ergiebigeres. In der Regel sind Kängurus allerdings ortstreue Tiere mit einem nur wenige Quadratkilometer großen Weidegrund. Hier finden sie ihre Nahrung, paaren sich und ziehen ihre Jungen groß.

Kurze Entwicklungsgeschichte des Kängurus

Die Wissenschaft geht davon aus, dass die frühesten Vorfahren der Kängurus von Beuteltieren abstammen, die vermutlich vor 50 Mio. Jahren auf Bäumen lebten. Vor ca. 25 Mio. Jahren verschwanden durch Klimaveränderungen viele Regenwälder, dafür entstanden offene und trockene Grasländer. Einige Känguruvorfahren verließen die Bäume und wurden zu Bodenbewohnern. In diesem Zusammenhang muss sich die Fähigkeit zur hüpfenden Fortbewegung entwickelt haben, denn hüpfende Tiere konnten den Feinden schneller entkommen und bessere Nahrungsquellen erreichen. Sie passten sich schließlich so perfekt an die Lebensbedingungen an, dass ihnen keine andere Tierart den neu besetzten Lebensraum streitig machen konnte.

Versteinerter Schädel eines 20 Mio. Jahre alten, Fleisch fressenden Kurzgesichtkängurus.

Leben im »Mob«

Die Kängurus der australischen Steppen und Savannen leben gewöhnlich in kleinen Gruppen, sog. Mobs, die aus weniger als zwölf Tieren bestehen. Meist handelt es sich um ein dominantes Männchen und seinen »Harem« aus Weibchen sowie deren Jungtiere. Im Mob können sich die Tiere gegenseitig warnen und vor Räubern schützen.

Folgenreiche Besiedlung durch Europäer

Die Aborigines nutzten alles, was ein Känguru hergibt. Alle essbaren Teile wurden gegessen, die Känguruhäute zu Decken, Umhängen, Wasser- und Tragetaschen verarbeitet. Die Aborigines praktizierten eine nachhaltige Jagdstrategie, bei der nur so viele Tiere erlegt wurden, dass der Bestand nicht gefährdet wurde. Mit Ankunft der Europäer geriet dieses Gleichgewicht ins Schwanken.

Die Besatzung des niederländischen Schiffes »Batavia« waren die ersten Europäer, die ein Känguru sahen, als sie 1629 nahe der heutigen westaustralischen Stadt Geraldtown strandeten und auf ein Tammar- oder Derbywallaby (*Macropus eugenii*) stießen. Doch erst nachdem der britische Seefahrer James Cook 1770 das Känguru quasi wiederentdeckt hatte, wuchs das europäische Interesse am Känguru. Als dem englischen König George III. ein lebendes Tier überbracht wurde, waren Europäer begeistert von diesem noch nie gesehenen »Fabeltier«.

Kängurus benötigen zwar viel Wasser, können aber auch längere Durststrecken aushalten.

In Australien änderte sich die positive Einstellung zu den Kängurus mit der beginnenden Schaf- und Rinderzucht. Insbesondere die Schafzüchter sahen in ihnen lästige Nahrungskonkurrenten für ihre Schafe und missverstanden sie als sich rasch vermehrendes »Ungeziefer«. Ein Irrglaube, der sich teilweise bis heute erhalten hat, denn vielen Schafzüchtern ist die staatliche Abschussquote von 1,5 Mio. Kängurus pro Jahr viel zu niedrig. Tierschützer fordern dagegen ein Abschussverbot, weil sie von ca. 5 Mio. tatsächlich erlegten Tieren ausgehen.

Die großen Känguru-Arten scheinen von der Ankunft der Europäer profitiert zu haben, da man ihre Zahl heute deutlich höher als vor 200 Jahren einschätzt. Vom Aussterben bedroht sind allerdings viele der kleineren, stärker spezialisierten und auf besondere Umweltbedingungen angewiesenen Arten. Ihnen wurde die Lebensgrundlage durch großräumige Veränderungen der Landschaft zugunsten der Agrar- und Weidewirtschaft entzogen.

Mittlerweile hat bei den Viehzüchtern ein Einstellungswandel eingesetzt, denn Kängurus und andere australische Wildtiere wurden als Wirtschaftsfaktor entdeckt. Das Fleisch der Kängurus wird als schmackhaftes und cholesterinarmes Wildbret an exklusive Restaurants verkauft oder exportiert. Ihr Leder verarbeitet man zu besonders teuren Fußballschuhen und das Fell wird in der Modebranche genutzt. Im Jahr 2004 brachte das Geschäft mit Kängurufleisch und -leder 200 Mio. Dollar ein und gab 4 000 Menschen Arbeit.

Zahlreiche Arten

Es gibt drei Arten von Riesenkängurus: das Rote Riesenkänguru (*Macropus rufus*), das Östliche Graue Riesenkänguru (*Macropus giganteus*) und das Westliche Graue Riesenkänguru (*Macropus fuliginosus*). Die beiden grauen Arten leben in mehr oder weniger bewaldeten, etwas feuchteren Gegenden des südlichen und östlichen Australiens. Seit einiger Zeit scheinen beide Arten in trockenere Gebiete vorzudringen, vermutlich aufgrund des verbesserten Wasserangebots im Zuge der intensivierten Landwirtschaft.

Das Verbreitungsgebiet des Östlichen Grauen Riesenkängurus entspricht den Landstrichen, in denen auch die meisten Menschen des Kontinents zu Hause sind. Trotzdem gibt es bisher kaum verwertbare Erkenntnisse über seine Biologie. Das Westliche Graue Riesenkänguru ist fast im gesamten australischen Süden heimisch, wobei sein Verbreitungsgebiet eine enge Beziehung zu den winterlichen Regenfällen aufweist. Das Westliche Graue Riesenkänguru zeigt eine hohe Toleranz gegenüber pflanzlichen Giftstoffen, vor allem Fluoracetat. Da dieses Gift vornehmlich im Südwesten in hoher Konzentration in den Sträuchern vorkommt, wird vermutet, dass sich die Art in diesem Teil des Kontinents entwickelt hat. Auffällig an dieser Art ist der intensive Currygeruch der großen Männchen.

Zur Gattung Macropus zählt auch noch das Bergkänguru (*Macropus robustus*), dessen Unterarten meist felsiges Gelände als Lebensraum bevorzugen. Dort bewegen sie sich leichtfüßig und geschickt fort, während sie im offenen Gelände weniger beweglich erscheinen. Ihr Körperbau ist auf eine kletternde Lebensweise ausgerichtet: Die Gliedmaßen, besonders die Hinterbeine, sind kürzer als bei anderen Kängurus, damit sie im unebenen und zerklüfteten Gelände besser Fuß fassen können. Aufgeraute Fußsohlen sorgen für bessere Haftung auf felsigem Untergrund. Das Antilopen-Känguru (*Macropus antilopinus*) verdankt seinen Namen der Farbe und Textur seines Fells, das an Antilopen erinnert. Obwohl es verwandtschaftlich den Bergkängurus näher steht, ähnelt es in Verhalten und Lebensraumansprüchen mehr dem Grauen und dem Roten Riesenkänguru. Diese schlanke und sehr bewegliche Art lebt in den Savannengebieten des tropischen Nordens und bevorzugt eher offenes als hügeliges Gelände. Auffällig ist eine Schwellung der Nase hinter den Nüstern beim Männchen; vermutlich dient sie der Regulierung der Körpertemperatur in dem heißen tropischen Klima.

Was ihre Nahrungsquellen angeht, sind Kängurus nicht wählerisch.

Bei den Känguru-Boxkämpfen wird mit Vorder- und Hinterfüßen gekämpft.

Rote Riesenkängurus: sprungstark und ständig schwanger

Das Rote Riesenkänguru (*Macropus rufus*) ist das größte heute noch lebende Beuteltier. Kängurus wachsen praktisch während ihres gesamten Lebens und werden – von der Schwanz- bis zur Nasenspitze – etwa 2,50 m lang. Während Männchen es auf ein Maximalgewicht von 85 kg bringen, sind die Weibchen mit höchstens 35 kg erheblich leichter.

Verdauungspause nach dem Äsen

Die Hauptbeschäftigung der roten Riesen besteht im Äsen und Ausruhen. In den frühen Morgenstunden füllen sie ihre Vormägen, so dass sie für die anschließenden Ruheperioden tagsüber genügend Zeit und Stoff zum Verdauen haben. Die Pflanzennahrung des Buschlandes ist zäh und schwer verdaulich, deshalb suchen Kängurumütter für ihre Jungen stets nach zarten, weichen Schösslingen. Die Jungen lecken Speichel aus dem Maul der Mutter, um damit wichtige Mikroorganismen aufzunehmen, ohne die sie die harte Pflanzennahrung nicht verdauen können und die unverzichtbare Symbiosepartner der ausgewachsenen Kängurus sind. Um die Mittagszeit überwiegen Aktivitäten wie Fellpflege und das Graben von sog. Hüftlöchern, in denen sich die Tiere abkühlen. Die Kängurus ruhen sich während der frühen Nachmittagsstunden aus, in den kühleren Jahreszeiten legen sie auch zwischen Mitternacht und der Morgendämmerung Ruhepausen ein.

Nicht nur rotes Fell

Durch die Umwandlung von Wald in Grasland förderten die Schafzüchter

Die Roten Riesenkängurus ernähren sich von Gräsern, Kräutern, Laub und Rinde.

Das Jungtier wagt sich erst nach sechs Monaten aus dem Beutel der Mutter, bleibt aber noch zwei weitere Monate auf den Beutel angewiesen, sei es zum Schutz, um sich auszuruhen oder als Transportmittel.

die Verbreitung des Riesenkängurus über fast den gesamten Zentralbereich des Kontinents.

Die Färbung der Männchen ist meist rostrot oder rotbraun, wobei das Rot während der Brunst z. T. noch deutlicher hervortritt. In dieser Zeit produzieren die Männchen in speziellen Hautdrüsen besonders viel rotes Sekret, das sie mit den Vorderpfoten über den ganzen Körper verteilen. Die Weibchen dagegen sind rauchblau gefärbt. Die Färbung variiert aber bei beiden Geschlechtern zwischen rot und grau-bläulich, was die Unterscheidung von Weibchen und noch nicht geschlechtsreifen Männchen erschwert. Die Ausprägung der Farbvarianten schwankt auch räumlich: In Ost- und Südaustralien gibt es mehr Farbvarianten, in Nordwestaustralien hingegen dominiert Rot bei beiden Geschlechtern.

Kängurus werden stark bejagt. Ihr Fleisch gilt inzwischen als Delikatesse.

Beine zum Hüpfen und Kämpfen

Das Rote Riesenkänguru benutzt den Schwanz wie ein fünftes Bein: Weil die schwachen Vorderbeine den Körper nicht halten können, bildet er ein Gegengewicht zum stark nach vorn verlagerten Schwerpunkt. Dennoch sind die roten Riesen schnelle und ausdauernde Tiere, die Geschwindigkeiten von 70 km/h erreichen können. Dies gelingt ihnen mit ihrer typischen hüpfenden Fortbewegungsart. Ihre enorme Sprungkraft lässt sie aus dem Stand 3 m weite und in vollem »Lauf« sogar bis zu 9 m weite Sätze machen. Derartige Höchstleistungen sind nur mithilfe von besonderen Anpassungen im Bau der Hinterbeine möglich. Die Achillessehnen der roten Riesen wirken beim Springen wie Stahlfedern: Sie speichern beim Auftreffen auf den Boden Bewegungsenergie und geben sie beim Absprung wieder ab. Dadurch gibt es weniger Reibungsverluste als bei laufenden Tieren vergleichbarer Größe.

Boxend gegen Dingos und Artgenossen

Die Hauptwaffe der Tiere ist neben dem kräftigen Schwanz die vierte Zehe, die mit

Rotes Riesenkänguru
Macropus rufus

Klasse Säugetiere
Ordnung Diprotodontia
Familie Kängurus
Verbreitung im Landesinneren von Australien
Maße Kopf-Rumpf-Länge: Männchen 95–140 cm, Weibchen 75–110 cm Standhöhe: bis über 1 m
Gewicht Männchen: 22–85 kg, Weibchen: 17–35 kg
Nahrung Gräser, Kräuter, Laub und Rinde
Geschlechtsreife Männchen mit über 2 Jahren, Weibchen mit 15–20 Monaten
Tragzeit ca. 33 Tage; Beuteltragzeit ca. 235 Tage
Zahl der Jungen 1
Höchstalter bis 20 Jahre

einer sehr großen und scharfen Nagelkralle ausgestattet ist. Wenn es von Dingos – seinem Hauptfeind – in die Enge getrieben wird, richtet es sich zu voller Größe auf und boxt zunächst mit den Vorderbeinen los. Plötzlich stützt es sich aber nur noch auf den Schwanz und tritt mit den Hinterläufen gegen den Unterleib des Gegners. Dabei kann die scharfe Nagelkralle die Bauchdecke aufschlitzen und tödliche Verletzungen bewirken.

Neben den Dingos haben die roten Riesen ihre eigenen Artgenossen zu fürchten. Vor allem zwischen ausgewachsenen Männchen kommt es zu heftigen Revierkämpfen. Mithilfe von gezielten »Faustschlägen« versuchen sich die Gegner aus dem Revier zu vertreiben. Auch die Rangordnung innerhalb einer Gruppe wird so geregelt. Junge Männchen verfolgen solche Kämpfe mit großem Interesse und beginnen die Alten zunächst spielerisch nachzuahmen. Schon der erste Kampf ist wichtig, um eine gute Position in der Hierarchie einzunehmen. Männchen, die in der Rangordnung weiter unten stehen, haben nur dann die Möglichkeit, sich zu paaren, wenn das dominante Männchen gerade nicht aufmerksam ist.

Der lange Marsch in den Beutel

Kängurus können sich ganzjährig paaren. Die »Schwangerschaft« dauert vier bis fünf Wochen – allerdings hat dieser Begriff bei Beuteltieren eine andere Bedeutung. Verglichen mit anderen Beuteltieren ist die Zeit, bis der Embryo des Roten Riesenkängurus in den Beutel wandert lang. Zu diesem Zeitpunkt ist er etwa so groß wie ein Maikäfer, das Nervensystem ist aber schon relativ weit entwickelt. Etwa eine Stunde vorher hat die Mutter ihren Beutel sauber geleckt, dann legt sie sich für die eigentliche »Geburt« auf den Rücken. Dabei bewegt sich der Embryo mit schlangenartigen Bewegungen zum Beutel. Diesen Weg muss er ohne Hilfe der Mutter ganz allein bewältigen. Völlig blind, nur mithilfe seiner Vorderfüße und geleitet durch seinen Geruchssinn, findet er innerhalb von drei bis fünf Minuten sein Ziel. Im Beutel angekommen, saugt sich das Junge an einer der vier Zitzen fest. Diese schwillt dann so stark an, dass der ganze Mundraum des Jungen ausgefüllt ist und es festhält. Dadurch kann es bei den heftigen Sprungbewegungen nicht abfallen.
Nach drei Monaten löst sich das Junge von der Zitze, denn es ist nun fähig, diese selbstständig wiederzufinden. Die Milch ist zunächst sehr fettarm, mit der Zeit erhöht sich aber ihr Fettgehalt. Nach sechs Monaten wagt das Junge den ersten Schritt nach draußen. In dieser Zeit muss die Mutter dem jungen Känguru vieles beibringen, z. B. auf spezielle Rufe hin sofort zum sicheren Beutel zurückzukehren.

Ständig schwanger!

Die Fortpflanzungsstrategie der Kängurus ist außergewöhnlich. Bereits zu der Zeit, in der noch ein Jungtier im Beutel heranwächst, ist ein zweiter Embryo in der Gebärmutter eingenistet. Sein Wachstum stoppt jedoch bei einer Größe von etwa 100 Zellen. Dieser Embryo stellt eine Reserve dar, falls das Junge im Beutel nicht überleben sollte. Wenn das Beuteljunge stirbt, beginnt sich der Embryo in der Gebärmutter zu entwickeln. Nimmt die Entwicklung des Beuteljungen einen normalen Verlauf, stirbt der »Reserveembryo« nach einigen Monaten ab oder wird abgestoßen. Er kann sich aber auch ganz normal entwickeln, sobald das erste Junge den Beutel verlassen hat. In dieser Zeit kann die Mutter schon wieder begattet werden und es entsteht ein neuer Reserveembryo. Etwa 60 % aller Kängurumütter betreuen ein großes Jungtier, haben zusätzlich ein Junges im Beutel und in der Gebärmutter noch einen winzigen Embryo. Wenn über Wochen und Monate hohe Temperaturen herrschen und das Land austrocknet, verhungern vornehmlich die jungen Kängurus. Notfalls bricht ein Känguruweibchen die Entwicklung des Jungtiers im Beutel ab, um sein eigenes Überleben zu sichern. Wenn nicht genügend frisches Futter zur Verfügung steht, sind die Weibchen nicht empfängnisbereit.

Neben einem gelb-rötlichen können Dingos auch ein beiges oder hell-braun und weiß geflecktes Fell haben, was auf Kreuzungen mit Haushunden hindeutet.

Der Dingo

Von den Schaf-farmern gnadenlos verfolgt und von vielen Australiern als aggressiv und gefährlich eingestuft, sorgt der Dingo immer wieder für Schlagzeilen. Aber oft sind seine Angriffe auf Menschen von diesen selbst verschuldet, lassen doch vor allem Touristen die gebotene Vorsicht dem Raubtier gegenüber vermissen. Für Wissenschaftler ist der Dingo aus einem anderen Grund interessant: Sie versuchen herauszufinden, woher dieser verwilderte Hund stammt und wie er nach Australien gelangt ist.

Der schlanke, etwa schäferhundgroße Dingo (*Canis lupus f. dingo*) gehört nicht zur ursprünglichen australischen Fauna. Er stammt vielmehr von südostasiatischen Haushunden ab. Früher wurde dieses Raubtier als echter Wildhund angesehen. Mittlerweile steht jedoch eindeutig fest, dass seine Urahnen domestizierte Hunde waren. Letzte Zweifel um die Abstammung des Graslandbewohners konnten Biologen erst 2003 endgültig ausräumen, als sie das Erbgut von Dingos aus allen Teilen Australiens mit dem von Wölfen und Hunderassen mehrerer Kontinente verglichen. Da das Erbgut der heute lebenden Dingos untereinander nur sehr geringe Unterschiede aufweist, vermutet man, dass diese von nur sehr wenigen Tieren abstammen – möglicherweise sogar von lediglich zwei Tieren. Nach Ansicht dieser Forscher gelangten die Urahnen des Dingos vor etwa 5000 Jahren mit Handelsschiffen aus Malaysia nach Australien.

Dingos paaren sich einmal im Jahr im Herbst oder Winter. Nach neun Wochen Tragzeit kommen drei bis acht Junge zur Welt, die von beiden Elternteilen aufgezogen werden.

Es ist nicht auszuschließen, dass sich Dingos zuweilen mit Haushunden kreuzen. Dafür spricht die unterschiedliche Fellfärbung. Sein Sozialverhalten passt der Dingo dem Nahrungsangebot an: In Landstrichen, in denen er sich hauptsächlich von kleineren Beutetieren ernährt, lebt er einzeln oder im kleinen Familienverband. Dagegen schließen sich Dingos in Gebieten, wo sie größere Beutetiere wie etwa Riesenkängurus jagen müssen, zu Rudeln zusammen.

Ursprünglich ernährte sich das größte australische Landraubtier vor allem von Kängurus, Wombats und anderen Beuteltieren. Mit der Einführung von Schafzucht und Kaninchen änderte sich sein Speisezettel: Seitdem jagen Dingos auch Hausschafe und Nager. Daher ist das Verhältnis der australischen Farmer zu ihnen gespalten. Während Rinderfarmer dem Dingo wohlgesonnen sind, da er die Nahrungskonkurrenten der Rinder dezimiert, wird er von den Schafzüchtern erbarmungslos gejagt und getötet, da er gelegentlich auch Schafe reißt.

Um Dingos von den Schafherden fernzuhalten, errichtete man einen mehrere tausend Kilometer langen Zaun. Der Zaun, der von der Küste Südaustraliens bis nach Nordqueensland reicht, und die intensive Verfolgung des wild lebenden Hundes führten dazu, dass im Südosten Australiens heute fast keine Dingos mehr anzutreffen sind.

Mit einem 3 m hohen »Dingo-Zaun«, der quer durch Australien verläuft, versucht man, die Räuber von den Schafherden fernzuhalten.

Australischer Dingo
Canis lupus f. dingo

Klasse Säugetiere
Ordnung Raubtiere
Familie Hunde
Verbreitung Australien mit Ausnahme von Tasmanien
Maße Kopf-Rumpf-Länge: 117–124 cm
Standhöhe: etwa 50 cm
Gewicht 10–20 kg
Nahrung Kleinsäuger, vor allem Kaninchen; auch Kängurus, Eidechsen, Aas, usw.
Geschlechtsreife nicht bekannt
Tragzeit ca. 63 Tage
Zahl der Jungen 3–8
Höchstalter über 14 Jahre (in menschlicher Obhut)

Emus: letzte Überlebende

Der Große Emu (*Dromaius novaehollandiae*) ist mit einem Gewicht von bis zu 50 kg und einer Höhe von ca. 180 cm der größte Vogel Australiens und der zweitgrößte der Welt. Er ist einer der wenigen Überlebenden einer einst vielfältigen Fauna. Nah verwandte Emuarten sind im 19. Jahrhundert ausgerottet worden.

Der Emu gehört zu den flugunfähigen Vögeln. Mit seinen langen, kräftigen Beinen kann der Laufvogel Spitzengeschwindigkeiten von 50 km/h erreichen.

Großer Emu
Dromaius novaehollandiae

Klasse Vögel
Ordnung Laufvögel
Familie Emus
Verbreitung Australien
Maße Länge: 180 cm
Gewicht bis 50 kg
Nahrung Samen, Gras, Kräuter, Früchte, Blüten und Beeren, Kleintiere
Zahl der Eier 15–25
Brutdauer ca. 2 Monate
Höchstalter ca. 28 Jahre

Perfekte Anpassung

Der Emu ist perfekt angepasst an ein Leben in Grassteppen, Savannen, Weidelandschaften und offenen Waldgebieten. Das Federkleid beider Geschlechter ist braungrau, die Federspitzen schwarz getupft. Damit heben sich die Tiere kaum von der sie umgebenden Landschaft ab. Aufgrund ihrer Körpergröße und ihrer guten Augen können sie einen großräumigen Bereich überblicken.

Emus ernähren sich von Samen, Gras, Kräutern, Früchten, Blüten und Beeren sowie Kleintieren, vor allem Insekten. Sie sind fähig, Fettreserven aufzubauen, von denen sie in Perioden des Nahrungsmangels zehren können, müssen aber regelmäßig Flüssigkeit zu sich nehmen. Bei Nahrungsmangel und Wasserknappheit finden sie sich in Scharen zusammen und wandern in feuchte Gebiete. Ihre Beine und die Beschaffenheit ihrer Füße – sie besitzen drei Zehen mit starken Nägeln, die Unterseiten der Zehen sind platt und bilden eine Art Sohle – ermöglichen ihnen große Entfernungen zu überwinden. In den wasserarmen Gebieten Australiens müssen die Vögel oft mehrere Hundert Kilometer zurücklegen, um neue Nahrungsquellen zu finden.

Vorbildliche Väter

Mit zwei Jahren sind Emus geschlechtsreif. Sie paaren sich im Dezember und Januar. Für Nestbau, Brut und Aufzucht sind alleine die Männchen verantwortlich. Das Nest besteht aus platt getretenen Pflanzenteilen und wird in einer Bodenmulde angelegt.

Der Emu überblickt aus einer Höhe von 1,80 m weite Gebiete der australischen Steppe.

Wichtig ist, dass der brütende Hahn freie Sicht nach allein Seiten hat. Die Weibchen verlassen nach der Eiablage das Revier. Die Brutzeit für die 15 – 25 dunkelgrünen Eier, die von mehreren Hennen stammen, beläuft sich auf etwa zwei Monate. In dieser Zeit frisst und trinkt der Hahn nach Möglichkeit nichts. Die Küken, die bereits 2 – 3 Tage nach dem Schlüpfen das Nest verlassen, tragen ein grauweiß und dunkelbraun gestreiftes Daunenkleid, das ihnen eine ausgezeichnete Tarnung bietet. Nach etwa fünf Monaten lockert sich die Bindung zwischen Vater und Jungtieren, mit etwa sieben Monaten sind die jungen Tiere selbstständig. Emus werden 25 – 28 Jahre alt.

Feinde des Emus

Nesträuber, z.B. Eidechsen, manche Säugetiere und Vögel erbeuten unbewachte Eier. Adler und Dingos fressen junge Emus.
Der größte Feind des Emus ist jedoch der Mensch. Das Fleisch des Emus darf auf Grillabenden in Australien nicht fehlen. Aus dem Leder der Emus stellt die Textilindustrie Jacken, Hosen, Gürtel und Geldbörsen her. Auch das Öl aus den Fettreserven der Emus lässt sich nutzen. Es wird gegen Sonnenbrand und Hautalterung eingesetzt. Um dem großen Bedarf nachzukommen, werden Emus heute auf Farmen kommerziell gezüchtet.

Der Emu-Krieg

Nachdem 1932 ca. 20 000 Emus in die Weizenfelder Westaustraliens eingefallen waren, beschloss die Regierung, dem ungeliebten Vogel den Kampf anzusagen. Tausende bewaffnete Soldaten zogen gegen wehrlose Emus zu Felde. Überraschenderweise war die Königliche Australische Artillerie dem ungewohnten »Feind« jedoch unterlegen. Denn die Vögel wichen den Maschinengewehrsalven mit einer Fluchtgeschwindigkeit von bis zu 50 km/h einfach aus. Selbst Emus, die von mehreren Kugeln getroffen worden waren, liefen scheinbar unbeirrt weiter. Ganze zwölf Vögel waren die Ausbeute dieses »Krieges« – und nach einer Woche wurde der Feldzug abgebrochen.
Andere Einsätze endeten weit schlimmer: Tausende Tiere wurden erlegt. Bis in die 1960er Jahre wurden die Emus unerbittlich gejagt. Seither ist die Jagd verboten, die Vögel dürfen jedoch vertrieben werden.

Wellensittiche: die »hübschen Vögel«

Die Aborigines nennen den Wellensittich (*Melopsittacus undulatus*) »Betcherrygah«. Das bedeutet soviel wie »hübscher Vogel«. Dass der Wellensittich ein »hübscher Vogel« ist, fanden auch die Europäer: Nachdem 1840 die ersten lebenden Exemplare in Europa eingetroffen waren, eroberte er innerhalb kürzester Zeit ihre Herzen und wurde zu einem der beliebtesten Vögel in der Heimtierhaltung.

Wellensittiche sind mit einer Größe von 18 cm vom Kopf bis zur Schwanzspitze die kleinsten Vertreter der Plattschweifsittiche.

Farbenprächtige Tarnung

Wellensittiche leben in den Trockengebieten Australiens; in längeren Trockenzeiten tauchen sie auch in Küstengebieten auf. Der zur Gruppe der Plattschweifsittiche (*Platycercini*) gehörende Wellensittich hat hellgrünes Gefieder, das auf der Oberseite wellenförmig und schwarz und gelb quer gestreift ist. Sein Gesicht ist gelb mit jeweils drei rundlichen schwarzen Flecken in der Kehlregion. Die Flügelunterdecken sind grün, die Schwanzfedern grünlich blau. Dieses Aussehen bietet ihnen vor allem auf Bäumen und im Gras eine optimale Tarnung.

Nach ca. 19 Tagen schlüpfen die nackten Jungen mit geschlossenen Augen. Nach etwa einer Woche öffnen sich die Augen, in der zweiten Woche beginnt das Gefieder zu wachsen. Nach etwa vier Wochen werden die Jungvögel flügge und verlassen das Nest. Bereits nach drei Monaten können sie selbst Nachwuchs zeugen. Für den harten Überlebenskampf in den australischen Trockengebieten ist diese frühe Geschlechtsreife unbedingt erforderlich: Während der Trockenzeiten sterben Hunderttausende von Wellensittichen; zudem brüten die Vögel nicht, solange sie in Dürreperioden keine Gebiete finden, die ausreichend Nahrung für die Jungvögel bereitstellen.

Ein Jungvogel blickt neugierig aus seiner Nisthöhle.

Wellensittiche fliegen in großen Schwärmen, da sie so besser vor Raubvögeln geschützt sind.

Nomaden der Lüfte

Der Wellensittich gehört zu den Nomadenvögeln Australiens. Auf der Suche nach Nahrung müssen die Tiere oft enorme Distanzen überwinden. Sie folgen dem Regen, denn dort, wo es geregnet hat, wächst das Gras üppig. Verspricht eine Gegend genügend Futter, beginnen sie sofort mit der Brut. Hält die Regenzeit an, schließen sich weitere Bruten an.

Das Brutgeschäft

Um sich besser vor Feinden zu schützen brüten Wellensittiche in Kolonien. Als ideale Nistplätze schätzen sie Höhlen in Eukalyptusbäumen. Die Weibchen legen vier bis sechs Eier und brüten diese alleine aus, während die Männchen für Nahrung sorgen.

Ein Tagesablauf

Morgens suchen die Wellensittiche gemeinsam Wasserstellen auf und begeben sich dann auf Nahrungssuche. Ihre Nahrung besteht aus halbreifen Grassamen, aber auch aus harten Gräsern. Sofern ihnen halbreife Grassamen zur Verfügung stehen, müssen sie kaum auf andere Wasserquellen zurückgreifen. Um sich mit Mineralstoffen zu versorgen, picken sie zudem Erd- und Sandpartikel; kleine Insekten versorgen sie zusätzlich mit Eiweiß. Wellensittiche verfügen über ein umfangreiches Lautrepertoire, das sie nicht nur nutzen, um Artgenossen zu warnen. Auch bei der Nahrungssuche »schwatzen« die Vögel. Steigen die Temperaturen, suchen die Tiere den Schutz von Bäumen. Nachmittags gehen sie erneut auf Futtersuche. Am Abend schließlich ziehen sie sich auf die Bäume zurück, um zu schlafen.

Wellensittich
Melopsittacus undulatus

Klasse	Vögel
Ordnung	Papageien
Familie	Eigentliche Papageien
Verbreitung	Australien
Maße	Länge: 18–24 cm
Gewicht	26–29 g
Nahrung	Grassamen
Zahl der Eier	4–6
Brutdauer	19 Tage
Höchstalter	12–14 Jahre

Rosakakadus (*Eolophus roseicapillus*) sitzen in großen Schwärmen laut kreischend in Eukalyptusbäumen oder ziehen als rosagraue Wolke über den Himmel. Aufgrund ihrer enormen Anpassungsfähigkeit sind sie heute die am weitesten verbreiteten Kakadus Australiens.

In Gefangenschaft erreicht der Rosakakadu ein Alter von 40 – 50 Jahren, in freier Natur lebt er nicht ganz so lange.

Rosakakadus: schnatternde Flugkünstler

Rosakakadu *Eolophus roseicapillus*
Klasse Vögel
Ordnung Papageien
Familie Kakadus
Verbreitung Australien, Neuguinea, Südindonesien
Maße Länge: 35 cm
Gewicht 300–350 g
Nahrung Samen, Wurzeln, Früchte, Nüsse
Zahl der Eier 2–5
Brutdauer 23–25 Tage
Höchstalter 40 Jahre

Aus der Savanne in die Stadt

Der Rosakakadu, auch Galah genannt, ist ein Mitglied der Kakadu-Familie (*Cacatuidae*). Das Gefieder des 35 cm großen Vogels ist an Brust und Hals rosa gefärbt, Rücken und Schwanz sind grau. Männchen und Weibchen kann man nur durch die Farbe ihrer Iris unterscheiden. Diese ist bei erwachsenen Weibchen rotbraun, beim Männchen dagegen schwarz. Ursprünglich nur in den trockenen Regionen im Inneren des Kontinents beheimatet, hat er von der Besiedlung Australiens durch die Europäer profitiert. Neue Nahrungsangebote, etwa durch die von Siedlern angelegten Getreidefelder, schufen ideale Lebensbedingungen, so dass sich der Rosakakadu stark ausbreiten konnte. Als Kulturfolger findet man ihn sogar in Gärten und Parkanlagen.

Ob bei der Mittagsrast oder beim Trinken – Rosakakadus pflegen die Geselligkeit.

Geselliges Vogelleben

Rosakakadus nehmen ihre Nahrung vom Boden auf. Sie besteht hauptsächlich aus Gras- und Getreidesamen. Gerne werden auch Wurzeln, Früchte und Nüsse sowie Insekten verspeist. Je mehr Futter zur Verfügung steht, desto größer ist die Zahl der zusammenlebenden Tiere. Oft ziehen sie mit anderen Kakadus wie dem Gelbhaubenkakadu (*Cacatua galerita*) umher.

Das Schnattern der Rosakakadus ist vor allem am frühen Morgen und in den Abendstunden weithin zu hören. Verglichen mit anderen Kakaduarten ist ihre Stimme jedoch weniger laut und kreischend. Mit bis zu elf verschiedenen Lauten verständigen sie sich untereinander. Bei Sonnenaufgang fliegen die Vögel zum Trinken an eine Wasserstelle, gehen dann auf Futtersuche und ruhen während der heißen Mittagsstunden in hohen Bäumen. Vor Sonnenuntergang trinken sie ein zweites Mal, bevor sie sich auf die gemeinschaftlich genutzten Schlafbäume zurückziehen. Der Rosakakadu ist immer beschäftigt und setzt oft die Füße und den Schnabel ein, um Dinge zu erkunden. Er ist ein gewandter und flinker Kletterer, wobei er seinen Schnabel im Geäst wie ein drittes Bein benutzt. Auf dem Boden bewegt er sich mit einem watschelnden Gang, da er immer ein Bein vor das andere setzt.

Rosakakadus sind wahre Luftakrobaten, die waghalsige Sturzflüge vollführen, im Flug Spiralen drehen und dabei vor Aufregung kreischen. Selbst bei hohen Geschwindigkeiten von bis zu 70 km/h manövrieren sie sicher zwischen den Bäumen. Da sie bei Gefahr auf das Fliegen angewiesen sind, hüten sie sich, ihr Gefieder zu durchnässen, und nehmen in freier Natur selten ein Bad. Fängt es jedoch an zu regnen, schlagen sie sehr aufgeregt mit den Flügeln, hängen kopfüber an den Zweigen oder plustern sich auf, um ihr Gefieder zu säubern.

Aus dem Nest in die Schule

Mit etwa vier Jahren brüten die in lebenslanger Partnerschaft verbundenen Rosakakadus das erste Mal. In Südaustralien liegt die Brutsaison zwischen Juli und Dezember, im Norden dauert sie von Februar bis Juni. Brütende Paare sammeln sich zu losen Verbänden und beziehen vorzugsweise Hohlräume in alten Eukalyptusbäumen nahe einer Wasserquelle. Die Bruthöhle wird alljährlich wieder verwendet. Mit der Zeit werden um die Öffnung herum Borke und abgestorbenes Holz entfernt und der Nesteingang wird mit dem Schnabel spiegelglatt poliert. So ist das Nest besser vor Pythons geschützt, die sowohl die Jungen als auch das brütende Elterntier aus dem Nest rauben.
In die mit Eukalyptusblättern ausgelegte Höhle legt das Weibchen zwei bis fünf Eier, die beide Eltern abwechselnd 23 – 25 Tage lang bebrüten. Etwa acht Wochen nach dem Schlüpfen sind die Jungen flügge und werden zu einer Gruppe von Bäumen gebracht. In dieser »Schule« leben alle Jungvögel aus der Umgebung unter Aufsicht einiger Alttiere zusammen und werden weiter mit Futter versorgt. Jedes Junge erkennt seine Eltern am Ruf. Durch ihr rosa und grau geflecktes Federkleid sind sie im Laub schwer auszumachen. Ihr lautes Geschrei nach Futter lockt jedoch ihre Feinde – Keilschwanzadler und Wanderfalken – an. Dennoch ist der einzelne in der Menge sicherer als allein.
Sechs Wochen später sind die Jungen unabhängig und bilden eigene Schwärme. Nur etwa 9 % der Rosakakadus erreichen die Geschlechtsreife, denn viele werden von Farmern erschossen, von Autos überfahren oder von natürlichen Feinden erbeutet.

Geliebt und gehasst

Da es in Australien seit den 1960er Jahren verboten ist, Rosakakadus zu exportieren, werden die Vögel heute in vielen Ländern gezüchtet und in Zoos oder Volieren gehalten.
In ihrer Heimat dagegen haben sie sich die Getreidefarmer zu erbitterten Feinden gemacht, denn die großen Schwärme können verheerende Schäden an Getreide- und Sonnenblumenfeldern anrichten. Galahs werden daher in Australien als Plage angesehen und getötet.

Wie alle Kakadus besitzt auch der Rosakakadu die typische aufstellbare Federhaube.

Kurzschnabeligel: ungewöhnliche Säuger

Kurzschnabeligel
Tachyglossus aculeatus

Klasse Säugetiere
Ordnung Kloakentiere
Familie Schnabeligel
Verbreitung Australien, Tasmanien sowie in den Tiefebenen Neuguineas
Maße Kopf-Rumpf-Länge: 30–50 cm
Gewicht 2–7 kg
Nahrung Ameisen und Termiten
Geschlechtsreife mit 1 Jahr
Tragzeit 16–27 Tage; Brutzeit ca. 10 Tage
Zahl der Jungen 1 Ei je Gelege
Höchstalter bis 50 Jahre (in menschlicher Obhut)

Schnabeligel und Schnabeltier stellen die beiden einzigen Vertreter der Ordnung Kloakentiere dar. Ihr Verbreitungsgebiet ist auf Australien und die umliegenden Inseln beschränkt.

Optimale Anpassung an den Lebensraum

Der Kurzschnabeligel (*Tachyglossus aculeatus*) bewohnt vornehmlich steinige und felsige Buschsteppengebiete, ist aber auch in Wald- und Parklandschaften anzutreffen. Einschließlich des kurzen Stummelschwanzes erreicht er eine Körperlänge von 30–50 cm. An den Füßen befinden sich jeweils fünf Krallen, deren zweite an den Hinterfüßen stark verlängert ist und zur Körperpflege eingesetzt wird. Trotz fehlender Ohrmuscheln besitzen die Schnabeligel ein sehr gutes Gehör. Erschütterungen des Bodens werden ebenfalls gut wahrgenommen, wodurch Gefahren früh erkannt werden können. Haare und Stacheln kommen nebeneinander in der Körperbedeckung vor, wobei es sich bei den Stacheln um umgewandelte Haare handelt.

Das Blut der Schnabeligel hat eine Temperatur von 28 °C, wobei sie ihre Körpertemperatur bis zu einem gewissen Grad regulieren können. Sinkt die Außentemperatur unter

Erst in der Dämmerung gehen Schnabeligel auf Nahrungssuche.

einen bestimmten Wert, muss der Schnabeligel Winterschlaf halten, mehr als 35 °C kann er ohne Schutz nicht überleben.

Ameisen bevorzugt

Beim sog. Schnabel des Schnabeligels handelt es sich um eine Röhre, die von einer Hornscheide umgeben ist und auf der kleinen Mundöffnung aufsetzt. Durch diese Röhre wird die ca. 18 cm lange Zunge hervorgestoßen, die durch große Speicheldrüsen feucht und klebrig gehalten wird. Die Zungenform ist bestens geeignet um in Ameisen- oder Termitenbauten hineinzustochern und Beute herauszuholen. Die an der Zunge haftenden Insekten werden zwischen den Hornstacheln der Zunge und der hornigen Gaumenleiste zerquetscht. Mit bis zu 100 Stößen pro Minute kann er bis zu zwei Kilogramm Ameisen am Tag vertilgen.

Ausgefeilte Schutzmechanismen

Bei drohender Gefahr können sich Schnabeligel mit allen vier Füßen gleichzeitig eingraben. Das geschieht so schnell, dass der Betrachter den Eindruck hat, das Tier versinke im Boden. In der Erde klammern sie sich mit ihren Klauen und den seitlichen Stacheln derart fest, dass man sie nur unter Zuhilfenahme von Werkzeugen aus ihrer Grube entfernen kann. Nach oben hin schützen sie sich durch ihre Furcht einflößenden Stacheln. Hat der Schnabeligel keine Möglichkeit, sich einzugraben, weil der Boden zu hart ist, igelt er sich ein.

Eier legend und dennoch Säugetier

Schnabeligel leben einzelgängerisch, nur zur Paarungszeit (Ende Juni bis September) treffen sie sich. Sie paaren sich Bauch an Bauch und praktizieren dabei eine für die meisten Tiere unübliche Paarungsstellung. Während der Tragzeit von 16–27 Tagen bildet das Weibchen einen Beutel auf seinem Bauch aus. Schnabeligel legen meist nur ein Ei. Unmittelbar nachdem das Weibchen das Ei gelegt hat, befördert es dieses in den Beutel. Nach weiteren zehn Tagen schlüpft ein nackter, etwa 1,5 cm kleiner Schnabeligel. Nach 6–8 Wochen wird das Junge von der Mutter aus dem Beutel ausquartiert und in ein Nest gelegt.

Wie der Schnabeligel zu seinen Stacheln kam

Mythen der Aborigines berichten, dass der Schnabeligel von anderen Tieren als Strafe für das Verheimlichen eines Wasservorrates während der Trockenzeit in ein Dornengestrüpp geworfen wurde. Die Dornen blieben in seinem Rücken stecken und seitdem muss er mit diesem Stachelkleid leben.

Obwohl Säugetiere, haben weibliche Schnabeligel keine Zitzen. Das Junge leckt die aus Drüsen hervorquellende Milch auf.

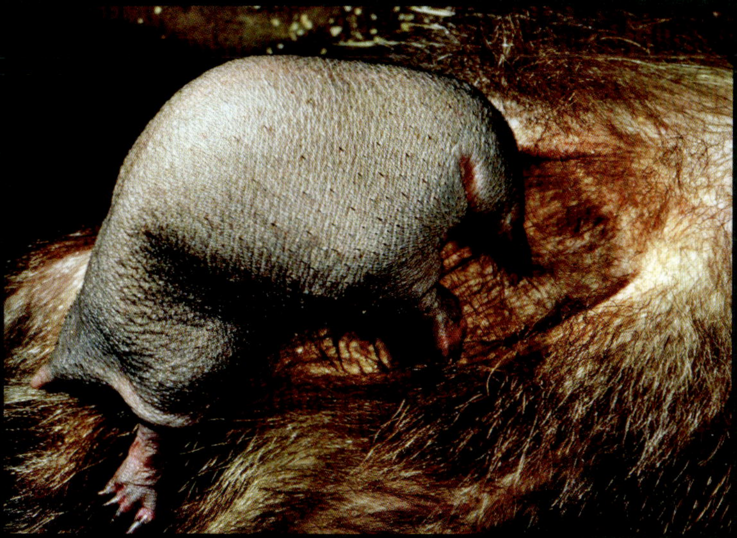

Das Schnabeltier – eine Art mit einer verwirrenden Merkmalskombination

Als 1798 das erste ausgestopfte Exemplar eines Schnabeltiers (*Platypus* oder *Ornithorhynchus anatinus*) England erreichte, hatten die Wissenschaftler wegen der ungewöhnlichen Merkmalskombination sehr große Schwierigkeiten, es in der zoologischen Klassifikation einzuordnen.

Für die Aborigines ist das Schnabeltier etwas ganz Besonderes und von der Jagd ausgenommen. Ein Schnabeltier zu sehen, wird immer als Zeichen künftigen Glücks gedeutet.

Register

Kursive Seitenzahlen verweisen auf Abbildungen

Abbildungsnachweis

AISA Media S.L., photoaisa.com, Barcelona: 6 M.o., 21 o., 24 o., 45 u.r., 66, 80/81, 85 u., 87 o., 88 o., 117 o., 119, 129 l., 162 o., 188 o., 201, 202 **akg-images, Berlin:** 86 u./Almasy, 109/Almasy, 139 **Toni Angermayer, Holzkirchen:** 175 **Associated Press GmbH, Frankfurt:** 185/Griffith **Bilderberg, München:** 36 o. **blickwinkel:** 127/Hauke, 132 l./Layer, 173/König, 180 o./ Sauer, 181 M./Sauer, 181 u./Sauer, 187/Hauke, 206/Schmidbauer **Christoph & Friends, Essen:** 27/Thege **Comet Photoshopping GmbH, Zürich:** 82 o., 166 o. **Corbis GmbH, Düsseldorf:** 21 u./Smith, 136 u./Vikander, 105 r./ Garwood & Ainslie **Document Vortragsring e.V., München:** 12 u./Göhler, 100 l./Kremnitz **dpa Picture-Alliance GmbH, Frankfurt:** 8 M.u./Klindwort, 17 o./Nowosti, 47 u./Reisfeld, 48 o./Förster, 48 u./Förster, 53 u.l./Grubitzsch, 56 u./Castelein, 58 u./ Wolfraum, 59 o./Wolfraum, 60/61/Rech, 62/Rech, 82/Brehm, 86 o./Landov, 104/Ernert, 106/Maier, 131 o.l./Klindwort, 131 o.r./Wisniewski, 161/Brunner, 166 u./Ammann, 166 M./Wisniewski, 169/Ossinger, 204 l./Wisniewski, 204/Roersma **FLPA, Stowmarket:** 6 u./Wisniewski, 6 M.u., 40 o., 41, 75 u./Lee Rue, 77/Smith, 91 o./Mattison, 98/Wisniewski, 110 u./ Gore, 111/Gore, 140 l., 143 u./Dennis, 160 l./Davey, 180 u./Davey, 181 o./Davey, 186 u./Gardner **Forschungsinstitut und Naturmuseum Senckenberg, Frankfurt:** 39 o. **fotolia.com:** 21 o./Przemyslaw Moranski, 23 Mr./Przemyslaw Moranski **Roland Günter, Freising:** 121 o. **IFA-Bilderteam GmbH, Ottobrunn:** 12/13 o./Jon Arnold Images, 15 o./Siebig, 17 u./ Vollmer, 25 M., 25 u., 29/Hemispheres Images, 65/Nowitz, 88 u., 89 u., 92/93/Walz, 118 r./BCI, 121 u./Aberham, 122/Mohr, 124 u./Pölking, 124 o./Aberham, 125 u./Pölking, 130/Krahmer, 134/Sohns, 142 l./Wisniewski, 147/Sohns, 162 u., 164/ Krahmer, 182/183/Bowman, 183 o./Krahmer, 184 u./Siebig, 184 o./Siebig, 190/Sohns, 192/BCI, 196 o./Rügner, 198 u./ Rügner, 199/NHPA, 202 o./Maier, 206 l./Krahmer, 207 r./Maier, 208 r./NHPA, 210/Sohns, 211 u./Sohns **Interfoto, München:** 22, 74 **istockphoto.com:** 87 u./Valdez **Juniors Tierbildarchiv, Ruhpolding:** 20/Layer, 38, 154 l., 194, 115 **Mauritius Images, Mittenwald:** 10/11/Berger, 15 u./Stock Image, 23 u., 24 u./imagebroker.net, 24/Phononstop, 31 u./Lange, 31 o.r./ Oxford Scientific,31 o.l., 32/33, 61/AGE, 70/AGE, 113/AGE, 113/Warburton-Lee, 115/Böhnke, 137/Steve Bloom, 141 u./ AGE, 152/153/Steve Bloom, 155 o./Steve Bloom, 159 l./Rosing **mediacolor's Bildagentur & -Produktion, Zürich:** 44/45 o. **NASA – Johnson Space Center, Houston:** 157 o. Nature Focus, Sydney: 197 u./Archer, 197 o./Archer **Okapia KG, Frankfurt:** 2/3/Colbeck/OSF, 6 M.m./Holdsworth, 6/7 colbeck/OSF, 28 u.l./Balfour, 30 o./Safari, 37 u./Reinhard, 39 u./Francis, 46/Bios, 49, 56/57 o./Pfefferle, 58 o./Colbeck/OSF, 63 o./Hopldsworth, 67 o./Francis, 68/Francis, 69/Osolinski, 71/McDonald, 72/73/Holdsworth, 73/Francis, 79 o./Degginger, 89 o./Gohier, 91 u./Stone, 93/Wothe, 94 o./Brakefield, 108, 117 u./ Paldan, 118 l./Root, 120 r./Colbeck, 125 l./Reinhard, 125 o.r./Hubert, 128 l./Balfour, 128 r./Balfour, 129 r./McDonald, 131 u./ Pölking, 132 r., 133 l./Huot, 133 r., 135/Cancalosi, 136 o./Grzimek, 137/Labat, 141 o./Warden, 142/143 M./Wisniewski, 143 o.r./ Wisniewski, 144/Krutz, 146 o./Meyers, 148/Pölking, 149 o./Grzimek, 149 M./Pölking, 149 u./Pölking, 150 r./Labat, 151/ Labat, 154/Harvey, 155 r./Hubacher, 156 l./Pölking, 159/Pölking, 159/Pölking, 160 r./Wisniewski, 163/Pölking, 167/Staebler, 168/Köpfle, 170 u./Haagner, 171/Grzimek, 172 u./Mayers, 177/Grzimek, 178 u./Moore, 178 o./Root, 179 r./Root, 179 o.l./ Morris, 179 u./Grzimek, 195/Cancalosi, 202 u./Hubert, 211 o./Parer **Premium.Stock Photography GmbH, Düsseldorf:** 146 u., 150 l./Lanting, 165, 172 o./FLPA, 191 23 M.l., 78, 79 u., 85 o., 96/Lanting, 102 l./FLPA, 102 r./FLPA, 110 o., 146 u., 150 l./Lanting, 165, 172 o./FLPA, 191 **Ulrike Rothhahn Repräsentanz, München:** 170 o./Rose, 186 o./Brucker **Save-Bild, München:** 103/Parer-Cook **TopicMedia Service, Ottobrunn:** 6 o./Pölking, 10/11/Lacz ,14 u./Pölking, 30 u./Rosing, 34/ Warter, 36/Fischer, 42/Lehmann, 43 u./Nill, 47 o./Wisniewski, 50 u./Willner, 50 o./Jacobi, 50/51 M./Jacobi, 51 o./Lenz, 51 u./Willner, 52/Brandl, 54/55/Cramm, 57 u./Lenz, 57 o./Walz, 57 u./Hosking, 74/75 o./Walz, 84/Heine, 90/Heine, 94 u./ Walz, 95/Dani/Jeske, 99/Sohns, 100 r./Wendler, 103 r./Lacz, 103 l./Lacz, 105/Dani/Jeske, 107/Sohns, 120 l./Wisniewski, 140 r./Brehm, 189/ANT, 193/Lacz, 196/197 u./ANT, 198 o./ANT, 200/Rapkre, 209/Breiter, 213 u./Hosking, 213 o./ANT **Natalia Tsarkova, Kleve:** 16/Nikolai Kuznetsov **Thomas & Sabine Vinke, Fernheim:** 28 r. **wissenmedia, Gütersloh:** 53 u.r., 63 u., 83 u. **Konrad Wothe, München:** 35, 43 o., 123, **Yrtit ja yrtiterapia Henriette Kress, Helsinki:** 26 o., 28 l. **Günter Ziesler, Füssen:** 97.

ATLANTICA

TIERPARADIESE UNSERER ERDE

Band 1: Regenwälder ISBN 978-3-577-07701-9
Band 2: Savannen ISBN 978-3-577-07702-6
Band 3 Wüsten ISBN 978-3-577-07703-3
Band 4: Polargebiete ISBN 978-3-577-07704-0
Band 5: Meere ISBN 978-3-577-07705-7